中国大熊猫文化标识丛书

传奇新星
渝雅萌宠

大熊猫国家公园雅安管理分局
四川省大熊猫生态与文化建设促进会　编
重庆动物园

尹彦强　杨明江　著

西南交通大学出版社
·成都·

图书在版编目（CIP）数据

传奇新星 渝雅萌宠／大熊猫国家公园雅安管理分局，四川省大熊猫生态与文化建设促进会，重庆动物园编；尹彦强，杨明江著. —成都：西南交通大学出版社，2023.8
ISBN 978-7-5643-9427-1

Ⅰ. ①传… Ⅱ. ①大… ②四… ③重… ④尹… ⑤杨… Ⅲ. ①大熊猫－保护－中国②区域经济发展－经济联盟－研究－西南地区 Ⅳ. ①Q959.838②F127.7

中国国家版本馆 CIP 数据核字（2023）第 142246 号

Chuanqi Xinxing Yuya Mengchong
传奇新星 渝雅萌宠

大熊猫国家公园雅安管理分局
四川省大熊猫生态与文化建设促进会　　编
重庆动物园
尹彦强　杨明江　　著

责任编辑／邱一平
封面设计／杨明江

印张：8　字数：110千
成品尺寸：210 mm × 270 mm
版次：2023年8月第1版
印次：2023年8月第1次
印刷：成都市金雅迪彩色印刷有限公司
书号：ISBN 978-7-5643-9427-1

出版发行：西南交通大学出版社
网址：http://www.xnjdcbs.com
地址：四川省成都市二环路北一段111号
西南交通大学创新大厦21楼
邮政编码：610031
发行部电话：028-87600564　028-87600533
定价：128.00元

传奇新星
渝雅萌宠

编委会

总序

让大熊猫文化气息扑面而来

2021 年 10 月 12 日，习近平主席在《生物多样性公约》第十五次缔约方大会领导人峰会上宣布，中国正式设立三江源、大熊猫、东北虎豹、海南热带雨林、武夷山等第一批国家公园。

大熊猫国家公园跨四川、陕西和甘肃三省，保护面积 2.2 万平方千米，是野生大熊猫集中分布区和主要繁衍栖息地，保护了全国 70% 以上的野生大熊猫。

在大熊猫国家公园中，最引人注目的是雅安片区。大熊猫国家公园雅安片区是连接邛崃山—大相岭山系大熊猫栖息地的重要廊道，连接小相岭—凉山山系的关键区域。雅安有 5 936 平方千米、占全市 39.45% 的行政区划被划入大熊猫国家公园，占全国大熊猫国家公园的 27%，占全省大熊猫国家公园的 31%。区域内有野生大熊猫 340 只，是大熊猫国家公园中面积最大、占比最高、山系最全、涉及县（区）最多的市（州）。

更重要的是，雅安还是大熊猫的科学发现地和模式标本产地，是世界大熊猫文化的发祥地。1869 年，法国生物学家阿尔芒·戴维在雅安市宝兴县发现并命名大熊猫，大熊猫作为珍稀动物旗舰物种名扬世界。

雅安是“国礼大熊猫之乡”。中华人民共和国成立后，大熊猫得到了积极有效的保护，24 只“国礼”大熊猫作为和平使者走出国门，其中宝兴县 17 只、天全县 1 只，送往苏联的“平平”“碛碛”“安安”，送往美国的“玲玲”“兴兴”，送往日本的“兰兰”“康康”，见证了新中国和平外交的历史。

雅安是“明星大熊猫之乡”。世界自然基金会的会徽会旗原型“姬姬”，1990 年北京亚运会吉祥物“盼盼”的原型“巴斯”，世界上第一只圈养条件下自然交配所生大熊猫“明明”（北京动物园）的父亲“皮皮”、母亲“莉莉”，最长寿的圈养大熊猫纪录保持者“新星”（重庆动物园），中央政府赠港大熊猫“安安”，赠台大熊猫“团团”“圆圆”均出自雅安。

雅安是“大熊猫放归之乡”。2009 年，首只异地放归大熊猫“泸欣”在石棉县栗子坪国家级自然保护区被成功放归自然，先后有 9 只圈养大熊猫在这里回归自然。在全球最大的大相岭大熊猫野化放归基地，“倩倩”“和雨”“星辰”三只大熊猫在进行野化训练，为拯救大熊猫极小种群带来了希望。

从远古走来的大熊猫，虽然有着800万年的历史，但人类科学地认识大熊猫迄今只有150多年。在这150多年间，大熊猫从科学发现到就地保护，从圈养繁育到野化放归，雅安从未缺席；从单一的物种保护到栖息地保护，从设立自然保护区到列入世界自然遗产保护名录，再到国家公园建设，雅安独树一帜。

2019年，“天府三九大 安逸走四川”成为四川文旅新口号；2021年，雅安推出“安逸走四川 熊猫看雅安”文旅新名片。这给我们如何保护好大熊猫国家公园，如何做好大熊猫文化旅游融合发展等提出了新的挑战和要求。

大熊猫在雅安科学发现，大熊猫文化在雅安发祥。保护好大熊猫国家公园，讲好大熊猫故事，让大熊猫文化气息扑面而来，是我们的使命和责任。为此，我们将以“中国大熊猫文化标识”为总题，以“雅州萌宠”系列画册的方式，陆续编印雅安籍明星大熊猫的精彩故事丛书。之所以取意“萌宠”，不仅是因为这些大熊猫自身的萌憨可爱，更是因为它们为雅安争得了荣誉，是雅安的宝贝、宠儿。丛书将讲述一只只明星大熊猫的传奇故事，又探秘故事背后那些动人的人和事，更以大熊猫故事为纽带，联通雅安与北京、福建、粤港澳大湾区、重庆、成都等地的熊猫情缘，构筑起城市之间、熊猫爱好者之间友谊的桥梁，共同为大熊猫保护事业和大熊猫文化传播献计出力。

保护大熊猫，就是保护我们自己。祝愿人类与大熊猫齐顶一片蓝天，共踏一方热土，同饮一江清水，世世代代永远在一起！

是为序。

本丛书编写组

2022年春

分序

致敬那些创造“新星”的人们

我的学生，本书作者之一——尹彦强博士，自2013年“新星”31岁时，从我的老友郭伟研究员手中接过接力棒，负责重庆动物园“新星”和其他熊猫的饲养管理技术、科研、科普等相关工作。他每年都回来看望我，我们聊重庆的熊猫。他在饲养管理和科研工作中，针对“新星”的饲养和健康管理方法，提出了新的见解，我也给了一些建议，他带队逐一落实到生产中。我原来是从老友郭伟研究员那里了解重庆的熊猫种群近况，近年来，尹彦强每年回来都给我讲“新星”的状况，讲重庆动物园熊猫的故事，得知“新星”健康，精神好，我也很高兴；“新星”每年过生日，我会送祝福，鼓励学生尹彦强做好生产相关的基础科研工作，做好科普教育。我关注野外熊猫，关注圈养熊猫，也关注我的学生们做的工作。

两年前，尹彦强跟我讲，想为大熊猫“新星”出一本书，我认为这是一项很好的科普工作，让更多的人了解熊猫“新星”的故事，了解熊猫历史文化。在本书中，为了弄清楚“‘新星’来自宝兴县哪里？”“是怎么获救的？”“是否出过国？”“为什么取这个名字？”“在科研方面有什么贡献？”等问题，编写组深入宝兴县大山深处，走访了40多位伐木工人、保护区饲养员，基本搞清楚了“新星”的发现过程和在保护区的生活情况。通过查阅重庆动物园的志书和档案，全面了解了“新星”的“星”路历程。

“新星”这只熊猫，有它的传奇故事。孔子曰：“智者乐水，仁者乐山。”熊猫“新星”的妈妈选择生存繁衍的家园亦如此，幼崽“新星”生活的宝兴县潘家沟，绿水青山，森林茂密，幽静安宁，隐蔽条件好，栖息地竹源丰富，尽管不知熊猫妈妈的去向，但使幼小的“新星”得以幸存下来，当地百姓认识熊猫、保护熊猫意识强，将几个月大的幼崽“新星”救回家中，进行人工喂养，使其活下来。后来，“新星”被送到重庆动物园。

1988年，“新星”与“希希”一起赴加拿大卡尔加里助力冬奥会，临时改名为“琼琼”。

旅加期间，它浑圆可爱、充满活力、热情大方的形象深受加拿大民众的喜爱，上百万人观看后认为它就是一颗冉冉升起的“新星”。

“新星”是伟大的，繁育史是辉煌的，它产下8胎10仔，成活6只，后代涌现出了许多种子选手，子一代的“灵灵”“蜀庆”，孙子辈的“勇勇”“比力”“蜀蓉”“汉媛”，曾孙辈的“奥莉奥”“加悦悦”“加盼盼”，重孙辈的“吉庆”“福双”……“新星”一家，对圈养大熊猫的繁育贡献突出。截至2019年年底，“新星”家族后代有150多只。

“新星”对科研的贡献突出，例如郭伟研究员团队与上海动物园的大熊猫繁育合作，获上海市科技进步奖二等奖；郭伟主持的《高温下大熊猫育幼研究》项目1995年获重庆市科技进步二等奖。尹彦强博士团队以“新星”等熊猫个体为研究对象，发表2篇影响因子4~5的SCI论文，获国家发明专利1项，获大熊猫科研奖1项。

2020年12月8日13时25分，这是大熊猫“新星”一生的终点，也是它一生的高光时刻。这一刻，它创造了一个生命奇迹，将圈养大熊猫的生命长度定格在38岁零4个月，开创了熊猫寿命的新纪元。

我们纪念“新星”，更要致敬那些造就“新星”的人们！当年发现、抢救、饲养“新星”的功臣们，有的已经年逾古稀，有的已经离我们而去，正是他们的无私奉献，才成就了“新星”的辉煌。重庆动物园已故的享受国务院特殊津贴专家郭伟，从“新星”来到重庆的那天起，就与“新星”为伴，以“新星”为研究对象，倾尽了30多年的心血。从他们的身上，可以大胆预言，“新星”创造的纪录，必将被后代超越，因为有大量造就“新星”的人们不懈付出。

“新星”已去，“星”光不褪。“新星”曾带给重庆人民无限欢乐，让重庆的娃娃们学习到野生动物保护知识，它将永远铭记在重庆人民心中；“新星”成为渝雅人民心里的念想，也将载入渝雅合作典范的史册。

胡锦矗

2022年9月

一只在树洞中面临困境的幼仔，

竟能成为生命力最顽强的寿星。

一个被母亲抛弃的孩子，

竟能成为儿孙遍布世界各地的英雄母亲。

正如它自身的名字，

“新星”创造了奇迹，成为名副其实的“新星”。

这“新星”，是一个标识，

展示了宝兴人民保护大熊猫的成果，

提振了重庆动物园科研繁育的信心。

这“新星”，是一个标杆，

让一只只大熊猫争相刷新高龄产仔的纪录，

让一只只大熊猫攀登生命之旅的峰巅。

这“新星”，是一条纽带，

串联起雅安和重庆，

同下一盘棋，唱好“双城记”，

新一轮的合作大幕已经拉开。

“新星”简历

1982 年 8 月出生于四川省宝兴县野外。

1983 年 2 月 26 日，在宝兴县潘家沟一树洞中获救。

1983 年 6 月，“新星”被送到重庆动物园。

1988 年冬奥会期间，“新星”赴加拿大卡尔加里市展出，当时“新星”的名字叫“琼琼”。大熊猫“琼琼”与“希希”在加拿大卡尔加里市动物园展出。展期共 210 天，于 1988 年 9 月 10 日返渝。展出期间观众达 125 万人次。

在“新星”旅居加拿大期间，1988 年 3 月，重庆动物园“新星”的家园（熊猫馆）进行扩建施工。

1998 年 9 月 17 日至 20 日，加拿大卡尔加里市动物园兽医院主任苏梅卡（Susan A.Mainka）博士来园考察，并看望大熊猫“新星”。

1990 年 11 月，重庆动物园与上海动物园签订《大熊猫合作繁殖协议书》，引进上海动物园雄兽“川川”来重庆动物园配种。

1991 年 5 月 8 日，日本西协市市民友好团来园考察，并为大熊猫“新星”等捐款。

1991 年 7 月 6 日，朝鲜开城市市长金钟太率友好参观团来重庆动物园访问，看望了大熊猫“新星”，并题词：“祝愿在大熊猫研究中取得更大的成果”。

1992 年，“新星”与上海动物园的大熊猫“川川”交配，开始繁育后代。同年 7 月 18 日，女儿“川星”出生 。

1993 年，因大熊猫雌兽“新星”与上海动物园大熊猫雄兽“川川”繁育“川星”成功，获建设部“1992 年与上海动物园进行大熊猫合作繁殖成功” 荣誉证书。

1993 年 8 月 1 日，“新星”产下 1 单胎，当日死亡。

1994 年 7 月 17 日，儿子“聪聪”出生。

1995 年 8 月 25 日，儿子“灵灵”出生。

1997 年 7 月 14 日，产下双胞胎，第二日均死亡。

1998 年 7 月 18 日，儿子“乐乐”出生。

1999 年 8 月 3 日，女儿“蜀庆”出生。

2002 年 7 月 17 日，20 岁高龄产下双胞胎，其中儿子“小小”成活 。

2017 年至 2020 年，重庆动物园连续四年为“新星”举办生日会。

2020 年 12 月 8 日，“新星”在重庆动物园去世，享年 38 岁零 4 个月。

CONTENTS 目录

38

长寿之星　开创生命新纪录

2016 年，旅港大熊猫“佳佳”去世后，“新星”和福州的雌性大熊猫巴斯便成为圈养大熊猫中年长的了。

也是那年，本书作者之一尹彦强带领大熊猫饲养管理团队，牵头总结熊猫馆几十年大熊猫饲养经验，结合“新星”的体况、饮食习惯、日活动节律等，制定并实施了一系列有针对性的饲养方案，安装了适合“新星”的笼舍丰容配套措施。时常有人问重庆动物园的工作人员，“新星”有没有希望刷新大熊猫的长寿幻录啊？他们很有信心地回答：根据目前“新星”的体征状况来看，“新星”是最有实力刷新长寿纪录的……

2020 年年底，“新星”刷新了大熊猫长寿纪录，开创了生命新纪元。

“新星”的养老院

晚年的“新星”，居住在一室一厅外带户外花园和露天游泳池的专属养老院里。这个单独的院子是专门为“新星”养老提档升级的。房间内室高度比普通熊猫的房间更高，活动范围也更大。还配有一个后院，远离喧嚣，比较安静，参观距离远，游客不会打扰到熊猫界的“老祖宗”休息。台阶平缓，有水池降温。老寿星喜欢安静，它的养老院位于熊猫馆的后院，相对安静，房间空间大，通风好。说到“老祖宗”这个叫法，那些年，喜欢“新星”的人们也是叫它“老祖宗”的，有很多人，尤其是“熊猫粉”经常从外地赶飞机来重庆动物园看望“新星”。

站在重庆动物园熊猫馆上场馆的桥上，俯视约 30 米远处一片院墙所围之地，那是园内非游客参观区，也是熊猫馆最安静的地方。这片场地约 200 平方米，是个被单独隔出来的院中院，四周被其他熊猫运动场包围。其院内原有的乔木遮天蔽日，致使采光不够，地面潮湿，圈舍使用频率低。2016 年，重庆动物园根据“新星”的生活行为习惯开始对后院进行全新布置，做“环境丰容”。所谓“环境丰容”即环境丰富度，是指对圈养动物所处的物理环境进行修饰，改善环境质量，提高其生物学功能，从而提升其福利水平。例如重庆动物园“大熊猫三宝”生活过的两个院子，正是通过环境的复杂性，让熊猫们玩得不亦乐乎。

修枝剪叶透进阳光，枯枝残叶一扫而空，硬化地面，种植草坪，改造后的院落焕然一新，这里成为“新星”活动和采食的场所，保育员每天都会把院内打扫干净并按时消毒。

“新星”走进新家，它充满好奇，闻闻看看过后，赶紧用小便划下地盘。设计者用心良苦，为“新星”考虑着每一个细节。虽然它已年迈，可依然喜欢爬到高高的栖架上打望、玩耍甚至“发呆”，每次在圆木梯子爬上爬下都颇费气力，晃晃悠悠的步态，让人既心疼又担心。这次干脆以平板楼梯和平面栖架台取代之前，看得出来“新星”很是喜欢。“上下楼梯再也不用那么费劲了，在栖架上静坐着回忆下‘熊生’；你们在远处的桥上看我，我也在这里看你们；阳光好的日子里我也来扭扭腰身……”

院子里修有一石台，为使“新星”上下方便，石台周围全部垫平，这里成了它的早餐厅。在气候

“新星”常在树下养神

“新星”对它的新式栖架很满意

温和的季节里，“新星”迎着朝阳踱出笼舍，爬上石台坐下安静地咀嚼着美味的竹笋，它的牙齿已没有往日的锋利，但细嚼慢咽的动作反而显得悠然自得。如是经年，饲养员太了解它的饮食习惯，竹笋怎样摆放，如何让年迈的“新星”拿起顺手都有讲究。每天这个时候，饲养员会进入内室，边为它做室内清洁边透过玻璃墙观察它吃早餐的进度，而“新星”有时也会回望室内，看饲养员在做什么。当它与饲养员四目相对，确认过的眼神后，瞬间充满温馨感。

其余几餐则不会像早餐那样“照顾”它了，筛选洗净的竹子或竹笋往往会摆在离笼舍最远处院中某个地方，且会不停变换采食点。这是为了“新星”的健康，引导它进行适量运动的方法。若换作如此高龄的其他大熊猫，面对远处的食物可能已经不想多走动，等待“饭来张口”，但“新星”却不一样，无论食材摆放在哪里，它都会稳健走去享用大餐。

隔壁住着“新星”的孙女“莽仔”。每当“莽仔”闻到给奶奶特制的美味，都会隔着院墙一角的铁丝网来打望，“新星”发现后立即发出警告的怒吼声，“莽仔”只有知趣地走开。这无疑也印证着成年大熊猫在非繁殖期是独居动物的习性，即使有血缘传承依旧不能违背它们的天性。

院子里铺有整齐的草坪，“新星”偶尔会把内室通道通往运动场右转角处或工作通道门旁的草皮掀开，露出泥巴或者沙，躺在上面翻转打滚，沾一身泥沙不亦乐乎，“泥巴浴”本就是很多动物的天性使然。而饭后的大部分时间，“新星”最喜欢的还是在院墙的某个角落蹭痒痒，有时蹭着蹭着居然就睡着了。

院内靠近草坪一侧，建有大小水池，小池饮水，大池戏水。“火炉天”时，“新星”也会去大池玩水，当然没有那些年轻熊猫们戏水次数多、时间长，但无论时长时短，工作人员们都会满足它的一切需要。

为了丰富“新星”的晚年生活，照顾它的人们能想到的，都会做到……

住进新建成的“公馆”，“新星”感到很惬意

四名保育员专职护理

和人类年老时一样，老寿星也出现过血压偏高等问题，虽然之后恢复了正常，但也要控制食量，工作人员为它配制了营养餐。“新星”在世的最后几年，状态好的情况下，它的日粮配比之一为：竹笋 30 千克、竹叶 1 千克、精料 70 克、苹果少量，同时搭配防暑水果及营养品等。“新星”喜欢吃竹叶、竹笋，虽然一把年纪，但牙口还好。

在“新星”的喂养方面，人员配置、饲料搭配、饲养模式等方面都制定了精确方案。其中，饲料搭配是根据“新星”的体况和精神状态而定，它的饮食会随时进行更换调整。一般情况下，“新星”每天上午进食 3 次，下午进食 2 至 3 次，晚上还有一顿竹笋和一顿宵夜。竹叶和竹笋都是经过精挑细选后处理好了，再喂给“新星”。

动物园专门安排了 4 名饲养员 24 小时护理“新星”。白天，饲养员在笼舍外静静地观察“新星”；夜晚，饲养员守候在监控室，关注着“新星”的睡眠状况。饲养员与年轻大熊猫的互动时间占比较大，而饲养员与“新星”的互动时间占比却较小，主要是给它一个安静的养老环境，动物园也会建议参观游客保持安静。在“新星”吃完早餐后，饲养员便引导它开始在户外锻炼身体，保持“新星”的身体活力。

大熊猫看上去憨态可掬，但毕竟咬合力强大，甚至可能对人发动攻击。饭点向来是它最不安分的时候，到时间就会冲到门边，大呼小叫，把铁栏杆摇得咣咣作响，急着出门。来自野外的它力气大，如果门没锁死，它能把插销摇下来。其他熊猫的门上只有一把锁，只有它的，是两把。它每次用餐之后，如果没有及时吃到苹果，便会把不锈钢盆攥得紧紧的，把盆子敲得叮当作响，不让饲养员接近它，更不让任何人拿走它手里的不锈钢盆。如果再迟些，“新星”有时会冲到门前大声吼叫，使劲摇晃铁栏杆，甚至熊掌发力捶扁钢盆，还会用牙齿把直径 26 厘米的不锈钢盆咬得稀巴烂。当年的游客福利之一便是看它与饲养员抢饭盆，“不添饭，休想拿走！”“新星”边拖还要边敲，就这么强悍任性！曾经被它咬穿、捏扁的饭盆不知有多少，都是添饭要求得不到满足时搞出来的。

老年的“新星”，鼻头和眼圈渐渐褪色，黑眼圈差不多成灰眼圈，颈部毛发严重脱落，浑身毛色也没有那样黑白分明，这个来自雅安宝兴大山深处的漂亮姑娘彻底老了。

随着“年事已高”，“新星”的性情也稳重了不少。年轻时，“新星”吃精料吃得又快又多，随着年龄的增长，“新星”的牙齿数量已经减少了，吃东西越来越慢，食量也越来越小，但其食欲依然很好，令人欣慰。

“新星”下门牙掉了两颗，边上的两颗也都缺失了半截，原来最喜欢的竹子现在每天啃不到 1 根，只能靠左右两腮的犬齿慢慢咀嚼竹笋。为此，动物园为它量身订做了食谱，让它少食多餐，一般情况下，每天上午3次，下午2~3次，晚上还有一顿竹笋和一顿宵夜。食物以竹笋为主，一定会适量采食一些竹叶，三餐前搭配有以米粉、玉米粉、黄豆粉、钙、维生素、酸奶等精心调制的营养液，现制现喂口感好，这是“新星”除苹果外最喜欢的食材，每次都能一口气喝个精光。22点左右，“新星”会准时守候在投食点，没有这份宵夜，一定会吼叫得人休想睡觉。饲养员会根据它的身体状况，随时调整食谱，添减食量，既不能营养不良，也不能患上“三高”。

竹笋是“新星”的主食，它每天要吃30多千克。竹叶和精料是它的“零食”，它还喜欢将水果作“甜点”。为给它补充必要的粗纤维，饲养员会挑选嫩竹叶，清洗得没有一点灰尘后剪切成碎片后喂给“新星”吃。

回忆起对“新星”的行为训练，张乃成颇为感慨：“花费了很多时日，实在不容易。”简短言语中，无疑包含着太多辛劳和付出，然而正是这份不容易，却赋予了“新星”健康的身体。

在张乃成之后，罗宗礼、月光琼两人搭档接棒，开始照顾“新星”的饮食起居。多年来她们已经非常了解“新星”的个性、脾气和行为习惯，可以根据“新星”的精神状态来判断它的体况是否正常。

做完了常规的兽舍清洁之后，她们总会和“新星”聊会儿天培养感情，“虽然它听不懂人类的语言，但知道是在和它说话，时间久了也能明白几个简单的意思和手势，这对更好地照顾它非常有帮助。”罗宗礼如是说。默契总是由量变到质变，朝夕相处后气场的融合。晚年的“新星”可以按保育员的口令来到指定位置，如此便于实现近距离观察，进行一些体检操作。

在“新星”的“夕阳红”里，保育员们往往是“顺”着它的习惯，只要它健康快乐地生活着，每一天都是好日子！

罗宗礼每天上班第一件事就是为“新星”准备一天的食物，通过称量分堆，备齐15千鲜竹笋

营养液是“新星”每次正餐前的“开胃汤”

“新星”最爱吃的苹果

保育员为“新星”称体重

晚年的“新星”，对竹笋仍然情有独钟

降温消暑方法多

山城重庆，人称火炉城市，可见重庆的夏天有多热。在天气炎热的夏季，被一身皮毛包得严严实实的“新星”如何安然度夏？

据重庆动物园的高级兽医师吴登虎介绍，动物园主要采用物理降温、药物预防和调整饲料结构等三种方式来给动物们降温。

物理降温主要是指增加空调、冷风机等设施，对毛厚且性情温顺的动物剪毛以及将水池蓄水让动物泡澡、游泳等方式来避免动物中暑。在对“新星”的居住环境进行改造的时候，“新星”的室内居住环境是一个挑高式设计，可以通风透气。生活区内植被茂密，可以防晒降温。工作人员还会根据天气情况调节室内的温度和湿度。在室外，还为“新星”准备了水池，它可以随时玩水消暑。

药物预防则是通过将藿香正气液等消暑药品混入动物的水及食物中，利用药物的作用达到防暑降温的效果。

重庆动物园给动物们降温的另外一个重要的方式就是调整饲料结构。据了解，工作人员对动物们的饮食结构进行了适当的调整，增加了蔬菜瓜果，尤其是西瓜、葡萄等水分较多食物所占的比例。将水果、鱼类等冰冻后投喂给动物。不过，吴登虎表示，这种冰冻食物在动物们的日常饮食中所占的比例不能超过20%，这是为了防止动物因为吃得太凉而得胃肠型感冒。

在炎热的夏季，动物园兽医团队的兽医师周俊和王晓佳博士密切跟踪“新星”的日常状态，如有一点异常情况，马上采取应对措施。

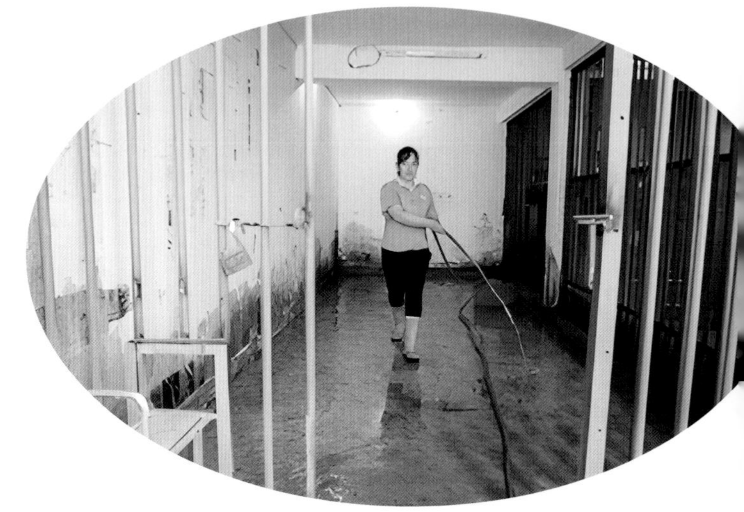

只要“新星”离开宿舍，饲养员罗宗礼就会马上拿出水管清洁，给它一个干净的居住环境，也为居所降温

2018年9月23日，大熊猫“新星”洗澡、药浴

“新星”和它的浴池

医疗享受特殊待遇

38 年来，“新星”的身体一直很健康，没得过什么大病，伤风感冒都很少。

“新星”长寿的秘诀，除了基因、性格、运动等因素外，很重要的一点就是医疗保障。重庆动物园每年会给“新星”做两次血常规、肝功、肾功能等全面体检，每天密切关注它的粪便、呼吸和吃食情况，每周给它量血压、看牙齿，每月给它称体重。“新星”的各项主要指标都挺好，体重基本控制在 95~100 千克，相对于它的“高龄”而言，这是一个适中的体重。

晚年的“新星”毕竟是动物，不可能像人一样完全配合检查。每一次采血、量血压的过程，都十分烦琐而累人。例如采血时需将它的胳膊放在采血架上，它需要挪动几次才能将姿势调整到位，且做不了几个动作便气喘吁吁，有时还耍点小任性，累了干脆就不做，哼哼唧唧蹲到墙角……所以陪它训练需要有加倍的耐心，等它体力恢复、情绪好转再继续，一定不能勉强。随着体检次数增加，“新星”可以做到在非麻醉状态下检查牙齿、称重、血压监测、采血检测，也可以接受肌肉注射疫苗，都配合得很好，没有明显的应激反应。

2017 年入夏，重庆气温陡然升高，“新星”抓痒持续时间特别长，毛皮也有点异味。动物园兽医院旋即组织会诊，开出中草药处方准备给它药浴。由于是第一次洗药浴，“新星”显然有些害怕和不安，两位保育员并没有急着给它清洗，而是不断用言语安抚它。或许明白了保育员和兽医们的良苦用心，渐渐地“新星”就完全接受了。洗过几次后，“新星”的毛皮变得色泽鲜亮，也不再浑身抓痒，饮食睡觉都趋于正常。

“新星”年岁大了，不像年轻时强壮了，身体健康方面有一点点问题都必须及时处理。2018 年深秋，重庆气温波动很大，保育员发现它比往日在睡板上躺着的时间久，一个鼻孔还挂着点清鼻涕，食欲也有所下降，便赶紧告诉兽医和技术主管，发现得早易处理，对“新星”的影响很小……

老年大熊猫一般会有腹积水，也叫腹腔积液，但“新星”没有这方面的情况，这得益于有良好而完备的医疗保障。冲刺长寿纪录期间，“新星”的身体状况一直较好，除牙齿脱落，行动相对迟缓外，没有呈现出明显的老年病。在老年大熊猫中，“新星”的健康状况可以说是好得惊人。

给“新星”采血时，都要投喂它最喜欢的水果。它右手紧握采血口的金属棒，安心地吃着饲养员喂养的水果

2020 年 10 月 28 日，为大熊猫“新星”进行静脉输液

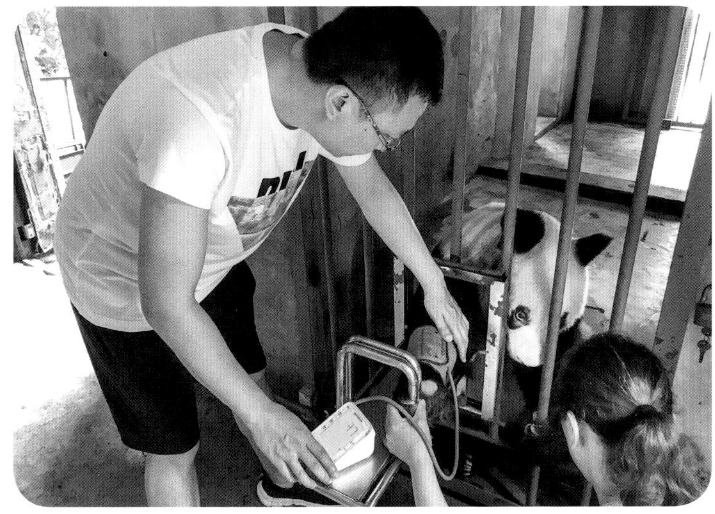

2019 年 7 月 21 日，为大熊猫“新星”测血压

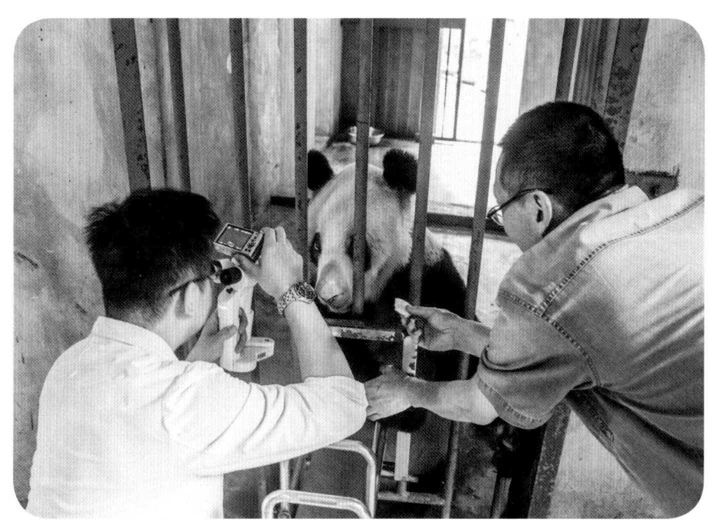

2020 年 9 月 28 日，眼科专家为大熊猫“新星”眼睛进行白内障的诊断

生活悠闲有规律

返老还童，对大熊猫一样适用。高龄的“新星”仍不乏孩子气，当食盆里的营养餐吃完后，它还嫌不够，用手把盆子放在地上不停旋转，以示抗议。

不过，在张乃成的眼里，“新星”的这点小姐脾气根本算不了什么，与年轻时相比，“新星”已经变得越来越“淡定”了。可能是相处时间久了，人和熊猫之间也建立了感情和默契，“新星”在面对张乃成时显得很温顺，听到张乃成发出的“站起来”“坐下”等指令时，它都极其配合地完成。性格变好，脾气变好，这可能是“新星”长寿的一大原因。

晚年的“新星”，鼻头、眼圈都有些褪色，熊猫奶爸说这类似人的老年斑；下门牙正中两颗，掉了；边上两颗，断了半截。曾经一见就停不了嘴的竹子，现在每天吃不到一根，就是意思意思，磨牙而已；秋千、溜索、滑梯，其他熊猫玩得不亦乐乎的玩具对它不再有吸引力。它现在最喜欢的娱乐项目就是在墙角蹭痒痒，玩泥巴，把自己弄得灰头土脸。其余的时候，它只会吃饭、发呆、睡觉、盯着自己的熊掌，一看就是半天。它的眼睛也不复清透。哪怕在阳光照不到的角落躺下休息，也会把熊掌搭在眼睛上遮光。

熊猫老寿星起居作息很有规律，早晚都会去活动。白天它更喜欢待在内室歇凉。内室安装了空调，温度保持在26℃上下。室外还有水池，老寿星高兴的时候还要在此泡个澡，扑腾几下。

睡到自然醒，是“新星”晚年保健的法宝。“新星”早上醒了会赖床，静静地躺在睡板上，或搓搓手掌，或抓抓痒……没到“饭点”随便怎样喊都不起来。工作人员在它背后隔着栏杆打扫卫生，它头都不回一下，即便有时候触碰到它的后背，也是理都不理。有时候保育员在它正面做清洁，“新星”可以纹丝不动地侧躺着看，这种淡定、放松太有利于“新星”的身心健康了。老年熊猫比起年轻熊猫而言，休息时间要多些。现在午休时，饲养员们都不再叫醒“新星”，让它睡到自然醒。

“新星”年事虽高，性情相对年轻时已变得温顺稳重了不少，但它的身体依然堪称硬朗，动作依然敏捷，一点都没有老年痴呆的问题。对于熟悉的保育员在身边可以泰然处之，但对于新鲜事物、陌生的声音和气味，“新星”则反应机敏。有一次实习兽医来查看它的体况，“新星”本是悠然自得侧躺着，实习兽医从它背后尚未走近，“新星”猛然反转身体坐起，吓了众人一跳。有一次，大熊猫“兰香”换圈舍时从它圈舍前经过，尽管“新星”连“兰香”影子都没看到，就开始发出阵阵低吼了。“新星”的听觉和嗅觉仍然保持着大熊猫这个物种的灵敏特性，当然，随着它高龄时期年龄进一步增大，两项机能也是在逐步衰退的。

老年的“新星”，生活极有规律，想睡则睡，想吃则吃，动作依然敏捷

节日祈福创纪录

35 岁生日：十米画卷庆生

2017 年 9 月 16 日，“新星”迎来了 35 岁生日，一群工作人员忙里忙外……但，热闹是别人的，“新星”眼里，只有竹笋。8:30，饭点到。“新星”步履蹒跚地朝运动场正中堆着金佛山竹笋的石椅挪去。

运动场约 200 平方米，是个被单独隔出来的院中院，四周被其他熊猫运动场包围，是唯一一个游客不能近距离接触的场地。只有在隔得老远的一个小桥上，可以居高远望，但嘈杂声已经传不过来了。

小院被浓荫遮盖了大半，“新星”选了个背对太阳的方向坐下，右掌抓起竹笋就往嘴里送。它吃得很慢，不时还要把自己嫌老的笋皮吐出。3.5 千克竹笋，足足吃了半小时。末了，还跳下来，在笋皮中翻找漏网之笋。这是它几十年养成的习惯，吃饭要一扫光。吃完饭后，“新星”会在墙角沙堆里折腾一番，给自己来个沙浴。

熊猫馆外，围了一大圈来看“新星”的“熊猫粉”，馆内用气球、彩带装饰，2 米多高的生日展板上面是“新星”吃竹笋的巨大肖像照片，肖像上写着“‘新星’35 岁生日会”。展出的照片和视频里共收集了“新星”的子女、孙子、孙女、曾孙子、曾孙女等 21 只大熊猫代表的照片和视频。这些儿孙通过视频首次向这只熊猫奶奶祝寿。

今天来动物园的一群外国人都显得异常激动，看到了工作人员为“新星”过大寿的场面，像撞大运一样开心。熊猫馆外，人们架起“长枪短炮”，兴奋的叫喊声就像为家人过生日一样热闹。

坐在台上的“新星”很稳重，坐姿就像个老辈子，一点都不怯场。黑眼圈差不多成了灰眼圈，颈部的毛发已掉得没剩几根，毛色没有其他大熊猫那样黑白分明，当它埋头拿起手边的竹笋时，就像一位八十几岁的老人，头埋得很低，驼背一下很明显。它拿起新鲜竹笋啃的时候，只用左右两腮的犬齿慢慢地嚼，它吃得很仔细，也很用力。

“祝你生日快乐，祝你生日快乐！”工作人员把专门用玉米面、黄豆面做的生日蛋糕给寿星搬上“餐桌”，“新星”忙不迭地把蛋糕上的苹果拿下来啃了两口。啃完后，抬起头来看看眼前拿着“长枪短炮”的“熊猫粉”，又埋下头继续享受美食。

见过大世面它一点不怯场。“熊猫粉”们也为“新星”送上了生日礼物——一幅十米长的熊猫画卷。

小朋友们为“新星”创作十米长的生日画卷

35 岁生日，“新星”成为众多媒体关注的焦点

“新星”35 岁生日这天，一群外国友人有幸看到它的风采

36 岁过中秋：对定制月饼很满意

2018 年 9 月 24 日，正值中国传统中秋节，重庆动物园熊猫保育员为全球现存的最年长的大熊猫“新星”准备了月饼蛋糕，欢度佳节。

24 日上午，重庆动物园工作人员在“新星”圈舍外的花园挂上花灯，现场洋溢着节日氛围。“新星”爬上活动台，开始享用熊猫保育员和当地市民为它制作的月饼蛋糕，蛋糕上不仅有新鲜竹笋，还有它最爱吃的苹果、黄瓜、火龙果。

每年中秋节，重庆动物园都会为动物们送去新鲜定制的“专属月饼”，游客、保育员、小动物们一起过中秋、庆国庆。动物吃的“月饼”和人们平常吃的月饼大不一样，是根据动物平日喜欢的口味精心制作而成。为此，保育员们可是费尽了心思，提前一周就开始构思“月饼”的造型和食材的搭配。大熊猫吃“大”月饼、大熊猫幼崽吃“小”月饼，羊驼享用“象草”月饼，鸟类则品尝“五谷”月饼……工作人员们衷心希望，动物们都能过一个幸福中秋。其中，大熊猫“新星”吃的大粑粑月饼营养丰富，是用玉米面、小麦粉、矿物质等按配比混合后，用一个大盘盛好蒸制而成。保育员还悉心在月饼周围，铺设了苹果和圣女果作点缀。闻、舔、抓、嚼……大熊猫“新星”似乎对这个定制月饼非常满意。游客们看它吃得挺开心，都喜笑颜开。

“新星”的特制月饼

36 岁的“新星”过了一个愉快而幸福的中秋

 37 岁生日：同龄人可免费参观

2019 年 8 月 16 日，是“新星”37 岁生日，重庆动物园特地为它举办了一场热闹的生日派对。

饲养员特地为它准备了一个直径近 1 米的生日蛋糕。主要由它日常的饲料，竹笋、苹果、胡萝卜、小番茄、葡萄等水果组成。

这个生日蛋糕是由饲养员和现场来为它过生日的小朋友共同完成的，小朋友们高兴地为它切番茄、摆水果、送祝福……现场很是热闹。

派对开始了，“新星”在饲养员的引导下来到生日蛋糕前，“新星”走起路来虽说有些老态，但依旧是很平稳，爬木梯上石坡也没有问题。

只是今天的“老寿星”似乎胃口不佳，挑了几根竹笋，吃了几口“蛋糕”后就不再进食，饲养员解释可能是天气炎热导致的。

在现场，“新星”的饲养员介绍：“针对重庆炎热高温天气，我们给它准备了水果牛奶等防暑降温食物，它的房间里还有空调哩！”

同时，为庆祝“新星”的生日，重庆动物园决定在 8 月 23 日—8 月 30 日，与“新星”同龄即 1982 年出生的游客可凭本人身份证件免票入园参观。

“新星”37 岁生日会

長江三峡
Three Gorges
PPBEAR

37 岁的“新星”仍然精神呆萌可爱

小朋友们用水果为“新星”制作生日蛋糕

2020 年春节："双重喜庆"拜年

1 月 21 日，重庆动物园两对 7 个月大的大熊猫双胞胎幼崽"双双""重重"和"喜喜""庆庆"用小竹篓背着"年货"，给已经 37 岁的"曾祖母"大熊猫"新星"拜年。

已经 37 岁高龄的雌性大熊猫"新星"相当于人类的 110~148 岁。它不仅是大熊猫界的"百岁老人"，也是现存最长寿的圈养大熊猫。因为年事已高，"新星"目前单独居住在重庆动物园熊猫馆一处僻静的小院子里，平常不对外正式展出。

当日，"双双""重重"和"喜喜""庆庆"被饲养员抱到"新星"的院子，给"曾祖母"拜年。饲养员给两对双胞胎幼崽分别背上小竹篓，里面装着"新星"爱吃的竹笋和苹果。四只大熊猫幼崽顺着楼梯一步一步爬到已经用红色灯笼和春联装饰好的小平台上，将竹篓里的"年货"抖搂出来。因为体型较小，大熊猫幼崽排队上楼梯时，像四只高低错落有致的"黑白汤圆"，引得四周的游客一阵欢呼。

送完"年货"，两对双胞胎幼崽被抱出院子。饲养员将"新星"引到平台处。虽然已是大熊猫界的"百岁老人"，但"新星"身手依然矫健，丝毫不费力就爬到平台上。但首先吸引它的并不是曾孙们的"年货"，而是印着"2020"的红色字牌。"新星"先伸出爪子将字牌掀开，安然稳坐在平台正中间后，才开始挑拣苹果和竹笋进食。

大熊猫是独居动物，一般在亚成体时期就要分开饲养了。安全起见，便没有让"新星"和幼崽们直接见面。虽然遗憾，但在大熊猫种群中像"新星"家族这样"四世同堂"的情形是罕见的："新星"生下儿子"灵灵"，而"灵灵"是中国大熊猫保护研究中心卧龙神树坪基地的雄性大熊猫"安安"的父亲。2016 年 3 月，中国大熊猫保护研究中心雅安碧峰峡基地的大熊猫"安安"与重庆动物园的"兰香"自然交配成功，兰香于同年 7 月 11 日产下龙凤胎"渝宝""渝贝"后，"新星"家族在重庆动物园内实现了四世同堂。

大熊猫双胞胎幼仔“双双”“重重”和“喜喜”“庆庆”背着“年货”，给“曾祖母”“新星”拜年

38岁生日：希望活到40岁

2020年8月16日，这只名叫“新星”的雌性大熊猫在重庆动物园里过了生日。

几位饲养员抬着用水果和竹叶做成的冰镇生日蛋糕进入它的专属游乐场，游客们唱起了生日歌。蛋糕上嵌着红色的“38”岁生日牌。

生日牌的数字每增加“1”，对熊猫来说都非同凡响。众所周知，野生大熊猫的寿命低于圈养大熊猫，而在圈养大熊猫里，包括“新星”在内，迄今只有两只活到了38岁。另一只是以长寿载入吉尼斯世界纪录的“佳佳”，但它已于2016年在香港离世，卒于38岁。

这个年龄几乎相当于人类的115~150岁。已知的大熊猫中，寿命超过30岁的不足30只。

现在，年迈的“新星”正在努力拓展这个古老物种的生命跨度。很多人期待它能跨过2020年，创造新的纪录。

当日重庆室外温度超过35℃。“新星”在竹叶、竹笋、冰西瓜等食物制作的“生日蛋糕”的吸引下，缓慢走出笼舍，爬向放着蛋糕的梯架。爬上梯架坐定后，“新星”用鼻子嗅了嗅，才开始享用这个“冰镇生日蛋糕”。看到寿星“新星”出现，现场民众自发为“新星”唱起了生日快乐歌。

张乃成记得，自己第一次见到大熊猫，就是为刚怀孕的“新星”搬去冰块降温。1998年开始，他就成为这只熊猫的主管，陪伴它走过20多年。他说，“新星”就像自家一位年迈的亲人。“我希望它能活到40岁以上。”

“新星”38 岁生日时，重庆动物园为它举办生日会

逆境重生　从弃婴到宠儿

20 世纪 70 年代末 80 年代初，四川省宝兴县冷箭竹大面积开花，大熊猫断“炊”，面临生存危机。

抢救国宝，迫在眉睫！宝兴县采取一系列措施，从入户宣传到中小学的课堂教育，从组建保护机构到与农户签订责任书，从管控猎狗到收缴猎枪，从募集资金到完善设施，一场轰轰烈烈的保护行动在全县范围展开。“保护大熊猫人人有责”“发现病饿大熊猫及时报告”等意识在全县人民心中确立。

就是在这一背景下，蜂桶寨保护区管理所于 1979 年正式挂牌成立，承担起抢救、保护大熊猫的重任。

就是在这一背景下，大熊猫“新星”由弃婴变为宠儿，在逆境中获得重生。

发现之谜

关于“新星”的发现过程，目前能找到的资料里都记载得十分笼统。中国动物园协会编的《大熊猫谱系》中，只记载了“新星”被发现于四川宝兴，谱系号为253。“新星”逐渐成名后，对它的发现地的描述也很简单，只有一句话：“1983年2月26日，宝兴县西河林场的一位职工在树洞中发现。”这种说法被许多家新闻媒体引用。

其实，熟悉宝兴的人都知道，这种说法是经不起推敲的。宝兴从事木材采伐的有夹金山林业局、国营402场及几个公社办的林工商，没有西河林场这个单位。况且，宝兴西河是一个大的地域名词，包括宝兴县西河片区的5个公社。“宝兴西河林场”指的是哪个林场?

20世纪80年代保护大熊猫工作伊始，宝兴县林业局局长崔学振就建立了一个《大熊猫档案》，该档案对发现、抢救的每一只大熊猫都有记载。但在查阅时发现其是从1983年10月份才开始建立的，而“新星”是1983年2月份被发现的，里面没有关于这只熊猫的记载。

1980年第一批被招进保护区的宝兴县大熊猫资深摄影师高华康也建立了一个关于大熊猫发现和抢救的完整记录档案，通过他本人查找，也没有关于这只大熊猫的记载。

后来，笔者在四川蜂桶寨国家级自然保护区管理中心近年编的一本《熊猫老家·国宝档案》中，查到了一段关于“新星”被发现过程的信息：

“1983年2月26日，在宝兴县西河原始森林里，一位伐木工人偶然在一个大树洞里发现了一只孤零零的熊猫幼崽，正在那里蠕动挣扎。怪可怜的！伐木工人捧它在手，见它已很虚弱，连忙护送到保护区管理所去。养护员老乐情不自禁揽它入怀，给它擦洗，喂牛奶、米羹。”

20世纪80年代建成的蜂桶寨保护区管理所

这是一条重要的线索！尽管对发现“新星”的地点依然是语焉不详，但里面提到了保护区的饲养员老乐养过这只熊猫。遗憾的是，11 月 27 日，当我们见到乐文富时，他说他饲养第一只熊猫幼崽是 1983 年从王大爷（王兴泰）那里接手的，但王大爷早就不在了。至于这只熊猫从哪里来，由哪些人送来，怎么送来的，他都不清楚。

根据乐文富提供的线索，笔者于 11 月 29 日找到王大爷的儿子王帮均，想从他那里获得一些信息。同样遗憾的是，王帮均也不清楚相关情况了，他只记得他参与了抢救和饲养过的大熊猫，而关于“新星”只记得老爷子喂过，后来就交给乐文富了。

一条又一条的线索都中断了，寻找“新星”的来源一度陷入困境。难道就没有人知道这只大熊猫的发现经过了吗?

11 月 30 日，在和邓宇辉的交谈中，他提供了一个十分重要的线索。他说当时的林场只有国营 402 场，夹金山林业局的木材采伐还没延伸到西河，各个乡镇的林工商是 1984 年后才陆续办起来的。如果说“西河林场”这个说法是准确的话，那肯定是国营 402 场。1983 年时的 402 场可能在五龙公社的海子沟，这里多次发现大熊猫。找一下柳志雄、高敬明他们，可能会寻找到知道这只熊猫的人。

笔者跟柳志雄很熟，于是拨通了他的电话。他说:“你说的这个情况我不晓得，我 1972 年就调离伐木场了，但我可以给你找一个人，他可能晓得。”半个小时后，柳志雄回话：“现在住在陇东镇街上的白联康说是有这个印象，当时就是在一个干枯的树洞里发现的这只大熊猫。”并将白联康的联系电话给了我。

柳暗花明，终于能揭开大熊猫“新星”的发现之谜了！

伐木工人在树洞中发现小“新星”

树洞弃婴

11 月 30 日下午，我联系上了白联康，他在电话中说：

1983 年的时候，伐木场在明礼乡的潘家河坝。我在伐木场收方，就是验收砍伐木材的体积。发现这只熊猫是在潘家沟。记得是 1983 年年初的一天，具体日期记不清楚了，我正在收方，一个伐木工人过来说，在一个树洞里看到一只大熊猫幼崽，好像是和母熊猫走散了。在场的工人有 10 多个。大家听说后就朝他指的方向走，没走多远，我们就看到一棵枯朽的铁杉，大概有 2 米多高。上部已经没有枝丫了，从下到上逐渐变小，最后只剩下一块糟透了的木片。铁杉树的身上已经长满了青苔。在距离地面 20 多公分[①]高的地方，有一个树洞，大概有 30 多公分深。人们走近了看，一只大熊猫幼崽蜷缩在洞里，从洞口透进的光可以清楚地看到这只大熊猫幼崽。熊猫见到我们，也没有表现出不安，用眼睛瞟了我们一眼，又安静地蜷缩在那里，一动不动。

树洞里很潮湿，幼崽的周围，都是腐朽了的木渣。大熊猫幼崽的身下，也是潮湿的木渣。大熊猫幼崽的身上，几乎被木叶泥和木屑包裹着，本来是白色的皮毛这下变成黑色的了。本来是黑白相间的熊猫，这下变成了黑、白、黄混合在一起的彩色熊猫了。

我们只看了一会就离开这里了。大家都觉得这只熊猫可能是跟母熊猫走散了的，对这只熊猫也没太在意，以为母熊猫迟早会回来的。

我们长期在林区工作，对大熊猫的出现并不觉得稀奇。在我们的工棚里，经常有熊猫光顾。有时放在门口的斧头，第二天就找不到了，大家都知道肯定是大熊猫叼走了。有时大熊猫也会跑到工棚的厨房里，偷吃剩下的饭菜。没有剩饭剩菜的时候，大熊猫会把铁锅咬烂。遇到一些铝盆，虽然大熊猫不吃铝质的东西，但会把铝盆揉成一坨，当球玩。

过了半天，一个伐木工人又去看，发现这只幼崽还在，母熊猫也没来，大家才感觉到这对熊猫母子肯定是走散了。不晓得是有病还是饿了，这只幼崽还是保持原来的姿势，有人到面前也显得不惊不诧的。

那个时候就已经在宣传保护大熊猫了，我们都知道大熊猫是国宝，如果就让这只熊猫这样下去，肯定活不了。我们把它抱到工棚，煮了一些稀饭喂它。吃饱后，这只熊猫幼崽逐渐活跃起来，在屋内东窜窜，西拱拱，把这里当成了它的家。刚才还是病殃殃的，现在变成了小精灵。

随后，我们把发现大熊猫幼崽的事情报告了明礼公社。第二天，保护区派人来，用一个铁笼子装起抬下山去了。

---

① 注：1 公分 =1 厘米。

当年发现"新星"的潘家沟。绿色森林中的蓝色屋顶为宝兴县伐木场场部

小“新星”在工棚里得到悉心照料

首任奶爸

11 月 27 日，在芦山县平安小区，我见到了从蜂桶寨退休的乐文富。老人家今年虽已 87 岁高龄，但记忆清晰、思维敏捷，对当时的情景记忆犹新。他说：

83 年的时候，这里只有一只大熊猫幼崽，这是我到蜂桶寨后喂的第一只，所以记得很清楚。我是从王大爷手里接过来喂的。王大爷是北京动物园宝兴狩猎站的职工王兴泰。1979 年狩猎站撤销后，王大爷他们那一批上了一定年纪的职工就退休了。蜂桶寨管理所成立后，从全县招收了 10 个有初中以上文化程度的新职工。由于这些年轻人对大熊猫管理不熟悉，管理所就把王大爷他们返聘回来带年轻人。

听王大爷说，“新星”刚送到这里时有半岁多，活泼好动，很调皮。

第一次见到“新星”时，它满身都是泥，脏得一塌糊涂。身上浅浅的毛被泥土裹成一坨一坨的。王大爷给它烧了一锅热水，放在一个木盆里，一点一点地把泥巴抠下来，先后换了几次水才把它身上的泥土洗掉。那些泥土，是黑黑的木叶泥，每次换水，都是黑澄澄的。洗干净了，才发现这个小家伙很是可爱，毛色白得雪白，黑得油亮，从毛色上就可以看出这只熊猫的体质不错。

那个时候正是大冬天。大水沟的风大，特别冷。王大爷怕把小家伙冻着，就没有放在饲养圈里，而是在住的屋内烧了一盆火。找了一个纸箱子，敞口朝天，放在地上。然后把自家垫的旧棉絮比照纸箱的大小，剪成两块，一块垫在纸箱的底部，一块盖在上面，这样小家伙就不会冻着。

刚抱回来的时候，小家伙还翻不进纸箱里，每次都要抱进抱出。喂奶和拉屎拉尿都是这样，很麻烦的。

20 世纪 70 年代，在北京动物园宝兴狩猎站工作时的王兴泰（右一）和他的队友在狩猎棚留影

初为保姆

回忆起初为熊猫保姆，乐文富记忆深刻：

蜂桶寨保护区成立后，组织上调我到保护区管理所工作。当时的保护区刚刚成立，条件很差，气候恶劣，并且处在一个山沟沟里，前不挨村后不挨店的，我思考再三，最终还是服从了组织安排。

到保护区后，我一直在这里干到退休。先后养过好几只抢救回来的大熊猫，盼盼、安安、椿椿、硗远，等等。

你说的那只大熊猫，我有印象，但当时不叫“新星”，好像没取名字。因为当时我的 3 个孩子都在读书，从大水沟送到盐井小学，要走五六公里[①]的山路，必须每天接送。当时的所长考虑到我的实际情况，安排工作时就没叫我上山（巡山），就叫我专门在家喂养大熊猫。

我以前从来没接触过大熊猫，对喂养大熊猫这种细致的活路就更陌生了。王大爷一点一滴地教我，我慢慢地熟悉了这一行。后来王大爷回家休养，我就独自承担起喂养“新星”的工作。

正式接管后，我心里还是不踏实的，把全部精力都用在了这个小家伙身上。我参照王大爷的办法，把小家伙搬到我的宿舍，连同那个纸箱、棉絮和食具。

我们那时喂熊猫，也没有更多的技巧，主要是观察小家伙的活泼程度，如果出现懒洋洋的，蜷在墙角或者趴在一个地方不动弹，就说明可能是病了，就要给所长报告，所长再联系公社医院，请医生看病。如果听见不停止的叫声，说明小家伙饿了，得马上喂食。

熊猫饿了的叫声也特别，不像山上的老熊是“吼——吼——”的声音。小家伙饿了会发出“咕——咕——”的叫声，声音短促而尖细。

给小家伙喂食，一般是一天三次，早中晚各一次，有时半夜还要加一次餐。小家伙刚来的时候，喂的是奶粉加白糖，有时也喂“维维豆奶”，就是那种一袋 500 克的。稍大些的时候才加一些竹叶。喂的时候要把握好温度，奶粉不能用开水兑，只能用的温水。如果用开水兑，热性重，小家伙吃了容易热重。喂的时候，我常常把小家伙抱在怀里，先滴几滴奶水到手背上，只要手背不感觉到烫，就说明温度适中。小家伙吃奶时，就像奶娃子吃奶一样，一吸一吞的，有时还发出“咕——咕——”的声音，很是享受的样子。

照顾大熊猫幼崽，就像照顾奶娃子一样，大意不得。有一天，我发现小家伙的眼角有黄色的眼屎，本想用手指甲去抠，但怕伤害到它眼睛。就试着用热帕子蘸温水洗，但没有效果。想来想去，没有其他办法，我只好俯下身去，用舌头在它眼角上舔，先把眼屎弄湿润，然后用舌头一点一点地舔出来。这样的次数有很多。刚开始时，小家伙还不配合，在我的怀里

① 注：1 公里 =1 千米。

2022 年，已 87 岁高龄的乐文富接受采访

“母爱”——乐文富用舌头舔去“新星”的眼屎

不停扭动。后来随着次数增多，小家伙可能感到很舒服，也就不再抗拒。舔眼的时候，小家伙还时常瞪着小眼睛，看着我，我们配合得非常默契。

采访过程中，乐文富的爱人杨绍琼回到家来。乐文富停下话头，问她："我们到蜂桶寨喂的第一只大熊猫是哪年？叫啥子名字？"

她几乎是不假思索就回答出来："应该是 1983 年的年初，记得是刚过完年没多久。你们说的是小的那只熊猫还是大的那两只？"

"就是小的那只。"我说，"那个时候蜂桶寨有三只熊猫？"

"是的。大的有两只，关在后院的饲养圈里，小的那只和我们住在一起。"顿了顿，她接着说："小的那只记不得叫啥子名字，好像没取名字。大的那两只有一只叫永永，我们去不久就送走了，不晓得送到哪里去了。"

杨绍琼说得没错，我后来查了下，1982 年到 1983 年，保护区有三只大熊猫，一只是送到上海动物园的"川川"，只是当时没有取名字而已。一只叫"永永"，后来送到了北京动物园。小的那只就是"新星"了。

"你的记性这么好，没想到这么多年过去了，您还记得这么清楚。"对她如此清晰的记忆，我确实感到吃惊。

也不行。我 2008 年得了脑出血，脑壳有时候昏沉沉的，有时候还清醒。但你说的这只熊猫我肯定记得。

这只熊猫乖得很，我的三个娃娃都很喜欢它。放学后他们就一起玩耍。在这个山沟沟里，也没啥子玩具，又没有同年龄的小孩，整天就只有和熊猫玩。几个娃娃要按时上学，有时候早上到时间了还没起床，大熊猫幼崽就跑到床边，用爪子把床脚弄得簌簌簌地响，一直到几个娃娃起来才肯罢休。每天放学回来，还没进门，大熊猫幼崽好像有感应似的，朝着保护区的大门一直叫。娃娃一进屋，就用嘴拱娃娃的脚后跟，追在娃娃的脚边戏耍。

大熊猫幼崽就跟娃娃一样，很好动，也很爱耍玩具。这只熊猫在这里生活的那几个月，唯一的玩具就是一个四只脚的方形木凳子。我们把木凳子翻转来，大熊猫幼崽就爬上爬下，钻进钻出的，玩得不亦乐乎。有时爬到上面，头靠在木凳子的一只脚上，就那样躺着，有时候睡觉也在这上面，尽管睡着了也从没见它掉下来过。有时候给它喂奶的时候也是在这上面。

这只熊猫还有一个特性，很护家。只要有不熟悉的人进门，它就会朝客人吼叫，就像狗一样。也只有我们能把它招呼住，叫它不要吼，它才乖乖地到旁边自己玩去。

乐文富忙的时候，我就代替饲养员喂它。实际上不管乐文富忙不忙，喂熊猫的时候总有我在场。我帮乐文富打下手。那时候给它喂牛奶、白糖，人都吃不到的东西，它能吃到。几个娃娃羡慕得不得了。

除了喂它牛奶白糖，有时还要喂些竹叶。一次我们啃肋巴骨，它就在桌子底下吼，好像很想吃。我们家姑娘扔了半截给它，它一下就抓在手上，坐在地上“咔嚓咔嚓”地嚼起来，就像是吃甘蔗一样脆。我这才晓得它喜欢啃骨头，之后就经常买些骨头来喂它。有一次过节，小家伙骨头吃得多了些，好像不舒服，那次把我吓安逸[①]了，幸好没多久就恢复了正常。

这只熊猫在这里没住多久就送走了。送走的时候娃娃们不在家，上学去了，回来后发现熊猫不见了，还哭了一场，闹着要熊猫，不然就不吃饭。

说到这里，杨绍琼眼角流出了眼泪，她赶紧伸手去揩，然后说：“我们开导娃娃，大熊猫是国宝，不是狗狗，不是想要就能要到的。这样过了许久，他们才适应了没有大熊猫的生活。”

“养了那么久，毕竟有感情了，肯定是舍不得。”我说。

“记得送走的那天，好像是中午。那时这沟沟里已经不太冷了，穿一件单衣裳都可以。具体是几月份记不得。”

“记得是哪个单位来接走的不？送到哪里去有没有印象？”我问。

“哪个单位来接的，送到哪里去，我们都不清楚，也不好问。我不是单位的正式职工，更不好问。当时好像是用的保护区的鸡婆车（吉普车），送它上车的时候，它也不晓得要离开这里，直到要关车门的时候，它才抬起头来看我们一眼，好像是跟我们告别。但不管送到哪里，我想肯定是去过好日子去了。”

“这只熊猫送到了重庆动物园，确实是过上了好日子。在重庆动物园，它生了 6 个儿女，加上孙子孙女、曾孙子曾孙女，到去世的时候有 150 多只后代。这只熊猫是前年 12 月份去世的，活了 38 岁零 4 个月，是圈养大熊猫中寿命最长的。”我怕她过于伤心对身体不好，赶紧接住她的话头说。

“圈养大熊猫一般寿命是 25 岁左右，活到这么久，厉害！”乐文富说。

“大熊猫的 1 岁相当于人的 3~4 岁，那这只大熊猫就相当于人类的 115~153 岁了。”我解释说。

听了我说的话，杨绍琼侧过头去，看着乐文富，突然说道：“你今年 87 岁了，你要活 100 岁！”

这时候的乐文富，居然有点腼腆，笑呵呵地说：“要活，要活。”

---

① 注：方言，意为吓坏了。

半夜就诊

谈到王兴泰喂养的最后一只大熊猫，现已76岁的王帮均说，记不清楚老爷子喂的最后一只熊猫叫什么名字，但肯定是大熊猫幼崽，后来交给乐文富喂了。对这只熊猫，王帮均记得最清楚的就是半夜就诊的那件事：

从野外抱回的大熊猫，都要定期喂“打燥药”，也就是驱蛔虫的药。大熊猫幼崽刚抱回来时就驱过虫，对“打燥药”也不过敏。有一天半夜，乐文富把我和李武科叫醒，说是大熊猫幼崽病了，帮看一下是咋回事。我们赶到乐文富的宿舍，看到小家伙躺在纸箱里不动，嘴角流出加餐后的牛奶。我问他白天喂的什么，他说和以前的一样，只是今天喂了“打燥药”，也没有什么特别的地方。

我们观察了一阵，觉得唯一的办法就是送去医院看一下，时间拖长了怕有麻烦。当时这里没有配备专职兽医，大熊猫有病也是送到县人民医院由人医诊治。但现在半夜三更的，小家伙送到县上要走五六十里[①]路，又没有车子，只有送到公社医院了。

我找来一辆架子车，就是两个车轮上面铺几块木板的那种。好在从大水沟到盐井公社医院，都是下坡路，不用费多大的力。那时刚修好的路坑坑凼凼的，我们三个人，一个打手电，一个在前面拉，一个在后面扶着，尽量减少路面的颠簸。但又不敢太慢，怕耽搁迟了小家伙出问题。所以就采取小跑的方式。

那天虽然已到春天，但风从脸上刮过还是很冷。我们不敢停留，不敢休息，就一路小跑着赶到公社医院。流出的汗水早就被冷风给吹干了。

半夜三更的，我们把院长从热被窝里叫了起来。一听说是大熊猫得病，院长林昆高立即拿来听诊器等器械，给小家伙做了一番检查，然后开了一些药，当时就喂服了一次。林院长是个大学生，有本事，开的药也管用。回去的路上，全是上坡，我们一个在前面拉，一个在后面推，三个人轮流推拉，小家伙竟然在板车上睡着了。到了保护区，起床的职工才晓得我们已经跑了一趟公社医院。

---

①注：1里=500米。

小“新星”就诊途中

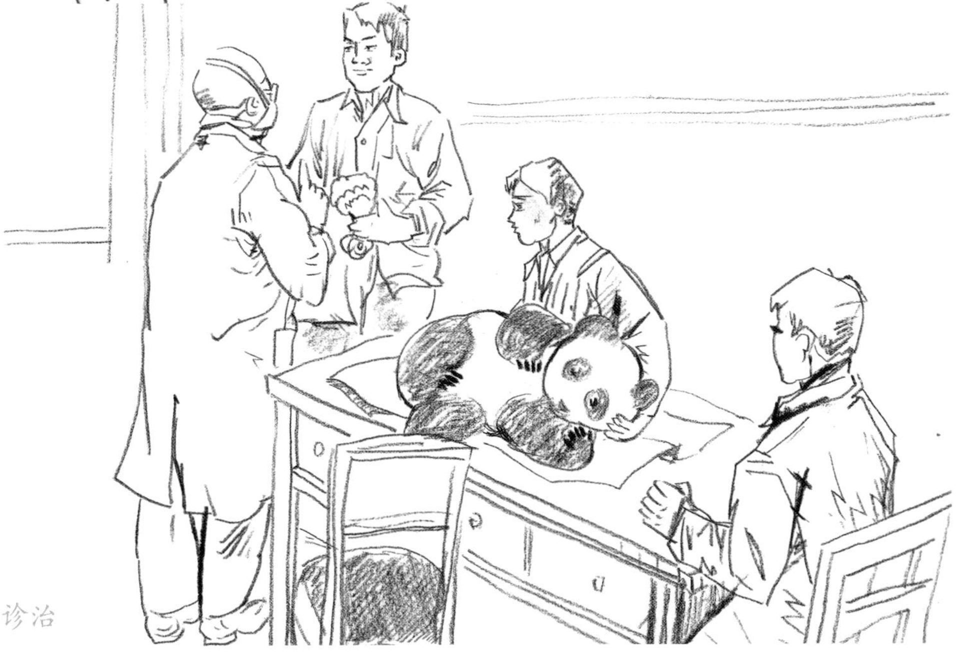

医生为小“新星”诊治

第一张影像

我跟宝兴县人大常委会原副主任邓宇辉谈到“新星”时，他说，我和这只大熊猫有一张合影。随后便叙述了当时拍照的经历：

我是1980年参加工作的，先在县林业局木材检查站工作了一年，1981年调到刚成立不久的蜂桶寨保护区。

那时的保护区，是盐井公社的知青点改建的，有六七间房子。一层的围墙全部是用石块砌成的，冬暖夏凉，当地的民居都是这种风格。二楼就是木地板和木墙壁。在靠大水沟上首的方向，建了三间小房屋，一间是关大熊猫的，在野外抢救回来的成年大熊猫，都饲养在这里。一间是大熊猫的厨房，就是放置大熊猫的食物、给大熊猫熬稀饭的地方。最后一间是抢救室，从野外运回的大熊猫，只要是有病的，或者在保护区饲养的重病大熊猫，都在这里抢救。但那个时候这里没配备兽医，这间房用得少，只放了些简单的药品。

你说的这只熊猫我还记得，因为是参加工作后看到的最小的熊猫。当时养过这只大熊猫的有王兴泰、乐文富，好像还有李武科。我也养过这只大熊猫。这只熊猫刚抱回来的时候只有十五六斤，到送走的时候就有五六十斤了，长得很快。这只熊猫很通人性，稍大些的时候爱和人玩，整天跟在人的屁股后面撵，就像喂的是一只小狗狗一样。我那时才十六七岁，也是贪玩的年龄，在大水沟没有什么娱乐活动，工作之余就逗这只熊猫玩。有时把它放在办公室的桌上，我做事情的时候，它就在旁边。

我还和它照过一张相片，这是我到保护区后照的第一张相片。我记得很清楚，当时有一个日本科考队来这里考察，有一个叫小黑的，手里拿了一个相机，就是日本产的那种一次性成像的机子。他见我和熊猫玩得高兴，就说要给我照张相。我把大熊猫幼崽抱到草坪上，蹲下身子，抚摸着大熊猫幼崽的头。小黑就蹲在我们的前面拍。拍完后，小黑用拇指和食指夹住相片甩了几下，图像就一点点呈现出来，当时感觉很神奇。据说这种照片保存五六年时间就会褪色、发黄，直到图像消失，但现在近40年了，图像一样清晰。一年后保护区才配备了照相机，所以那时抢救回来的大熊猫几乎没有图片资料，这张照片可能是“新星”的第一张影像。

邓宇辉和大熊猫“新星”的合影，这是至今能找到的“新星”最早的影像

定居重庆

1983 年 6 月，“新星”被送到重庆动物园，由黄建英等几位饲养员照顾，开始主要喂它牛奶、奶粉和鸡蛋，待它慢慢地适应了重庆的环境，逐渐长大些后才开始喂笋子、竹叶。“新星”在这里得到了很好的照料，到 1984 年 2 月 1 日，体重已达 97 市斤[①]，生长得很好。

刚到这里时，小家伙还没有名字，动物园的饲养员亲切地呼它为“新星”。在这里，“新星”成为重庆人民的“宠儿”，过上终身无忧的幸福生活，开启了它的创“星”之路。

“新星”曾用过另一个名字“琼琼”，这是 1988 年到加拿大展出时临时取的。据黄建英回忆，由于另有与“新星”重名的大熊猫，所以出国前将“新星”改名为“琼琼”。返渝后，“新星”又恢复了它原来的名字。这在当时赴国外参展的几十只大熊猫中，仅此一例。

“新星”的一生，见证了重庆动物园熊猫馆的变化历程。“新星”从加拿大回来时，重庆动物园给了它一个惊喜，让它直接住进了熊猫馆里。重庆动物园的熊猫宿舍经历了 3 个阶段，1958—1960 年为熊猫室，1960—1988 年为熊猫洞，1988 年至今为熊猫馆。1986 年重庆市政府批准动物园在熊猫洞附近征地 75 亩[②]进行扩建，熊猫馆被列入改造之列，原熊猫洞 5 个盲洞由宽 3 米扩至 3.5~4 米，并将各洞里侧连通形成管理通道，宽 3 米。洞内增设管理室及铁栅栏式动物内室。熊猫馆外运动场堆假山叠石，熊猫洞山上增设蓄水池 1 座，下接熊猫馆水潭，从上而下形成瀑布景观水系，水系共 1 800 平方米。熊猫馆建筑风格采用四川民居形式，绿化以开阔草地和成片竹林为主，使熊猫馆的建筑、洞穴、活动场地为一体。1998 年至 2000 年东二门新建时期，下熊猫馆水系全部填平为参观平台。2005 年，重庆动物园上下熊猫馆之间廊道部分改建为育幼室，并对熊猫馆片区进行改造整治。每一次改造后，“新星”都住进了设施最好的宿舍。

研究表明，圈养大熊猫由于营养摄入较为全面，生存条件优越，雌性的性成熟年龄一般在四岁左右，比野外生存大熊猫略早。“新星”在 1986 年就应该进入繁育期，动物园也着意观察“新星”的表现。从 1986 年开始，“新星”先后谈了三次恋爱，都没有结果。1986 年 5 月底，“新星”发情，有了求偶的欲望，动物园的专家将园内的 8 号雄性大熊猫与“新星”合笼。5 月 31 日上午 10:00，“新星”将尾部翘起去抵 8 号，8 号也主动去抵“新星”，但不一会儿就分开了，最终未成“好事”。同年 8 月 20 日，“新星”再次有了反应，动物园把“威伦”转来与“新星”合笼。从上午 10:10 开始合笼后，“威伦”主动向“新星”示好，但“新星”反应不明显，随后两只熊猫便互不理睬。40 分钟后，双方因最终未能接触而分开了。

---

① 注：1 市斤 =1 斤。

② 注：1 亩 ≈ 666.67 平方米

外国友人在重庆动物园参观大熊猫“新星”

重庆动物园十分重视珍稀动物的饲养研究，为每一只珍稀动物都建立了饲养观察日志。“新星”到重庆后，园里的专家和饲养员就为它制作了单独的饲养观察记录本，从 1983 年 6 月到 2020 年去世，一共记录了 100 多本。记录内容主要包括日期、天气、室内外温度和湿度、饲喂的饲料品种及数量、“新星”每天的精神状况、排便情况、体重变化、发情表现、妊娠反应、分娩过程、育幼情况等，为“新星”的研究提供了第一手资料。

饲养观察记录中有关于“新星”调皮而可爱的记录。1990 年 10 月 17 日的记录中这样写道：

上午吃食较好，竹叶也吃得好，粪便消化正常。精神好，爱活动。下午三点十五分左右，“新星”又爬到砖墙的隔墙上去了。发现得早，上面砖墙上站人挡，下面笼舍用食物引诱。墙较高，（“新星”）想下又怕下，最后前爪抓在墙上，后腿两肢先下，接触到活动场地地面后才“滚”到地上。一到地面，“新星”咬到一节甘蔗就往洞里跑。“新星”一直都比较活跃，活动量大。关在洞子里还到处爬，有时爬在笼子顶上到处抓，有时又把睡板用头顶起咬木板，特别是下午活动量最大。

饲养观察记录中，关于“新星”生产和育仔的记录最为详细，以 1998 年 7 月 18—19 日生产儿子“乐乐”的过程为例。

18 日，昨晚大便 3 次，活动多。舐乳房 1 次，外阴 1 次。今日早上 6:20，给米粉 75 克，吃约 20 克；竹子不吃，活动多，舐外阴数次，饮水。11:00，到第二间。12:10，进对应间产巢不外出。12:50 排大便 1 次（2 小块）。13:00 排尿 1 次。14:20 又舐外阴，最长时间 12 分钟，咬竹子、咬产床做窝。15:00，产 1 仔，仔叫声圆润，母不断舐仔、舐外阴，母呼吸 80~120 次 / 分，仔间断性叫（大、小声叫），坐卧休息，时间较多，侧卧时间最长 5 分，夜晚侧卧休息 3 次。

19 日，早上 7:50，侧卧休息 30 分钟，起来舐外阴、舐仔，哺乳。9:00 侧卧休息 35 分钟，仔叫起来，舐外阴，俯卧。10:25，仔小叫两声，母坐起，吃奶后母躺下。10:40 起来，抱仔舐抚。11:15 哺乳。11:41 母仔安睡（母打呼噜），呼吸 80~110 次 / 分。12:25，仔叫，母起，舐外阴。12:10，吃奶。15:00，母子均安睡，偶有仔叫声。母下午侧卧时间达 45 分钟，两次叼仔到巢边，举尾，但无大小便排出。

备注栏中有专门注明：白天母兽舐外阴十余次，未离巢。母子均较昨日安静时间长，母侧卧次数 7 次，最长时间达 45 分。

20 日，3:35，母放仔走出产床，想找水喝，仔尖叫后速回抱仔。3:45，由小张进舍放一盘水，它没什么反应，没喝。7:00，抱仔，仔有间断的叫声，大叫、小叫、尖叫都有。7:30，母坐起给仔喂奶、舐仔，坐着抱仔休息。8:07，仔尖叫一声，母舐仔。8:20，仔尖叫一声，母抱仔后向右侧身躺下，15 分钟后仔叫一声，母不理。直到 1 个小时后仔大叫五六声后，母起床舐仔、喂奶。10:00 母又侧睡，安静，5 分钟后仔又叫，母坐起抱仔。10:45，仔尖叫二声，母调整坐姿后又安静左侧睡。11：35，仔叫，母坐起抱仔，仔吃奶。12:50，仔叫了一声，母换了一下抱仔姿势后又安静，母喘粗气。13:50，仔尖叫 2 声，母抱仔、舐仔、

喂奶，左侧卧。14:10，仔叫，找奶吃，母起身喂奶，5 分钟后母抱仔睡下。15:20，仔小叫几声，母不理，侧睡。16:10，叼仔离产床，仔尖叫，出来后马上到产床舐仔、喂奶。16:55，仔尖叫几声，小叫几声，吃奶后安静。17:15，又叼仔离产床走一圈又回，舐仔，（可能想排便）。17:55，又叼仔走出产床，15 分钟后又叼一次，仔叫后抱仔舐、喂奶。18:20，母左侧睡，仔一起睡。20:15，天下雨，温度下降，进产房关空调，挂毯子，产房内喂水，此时母没什么反应，不惊慌，后左侧睡。20:47，母叼仔离床又回。21:06，叼尖叫，母起身舐仔，喂奶后坐着，喘粗气。21:45，放开仔去喝水（仔大叫、尖叫数声），喝完水后即回抱仔。22:18，叼仔离产房，可能排便去，仔大叫即回，舐仔。22:45—22:57，2 次叼仔离产床，小仔大叫，呼吸 120 次 / 分。23:30，产床边作排便姿势，又回，右侧睡，小仔安静。23:52，又叼仔离产床，走一会儿后又回产床上。

“新星”定居重庆期间，有奶爸奶妈 10 多位，张乃成陪伴时间最长，达 29 年。“新星”去世后，张乃成又接着饲养它的重孙们

“新星”定居重庆期间，重庆动物园组建了专门的科研团队，尹彦强是研究“新星”的最后一位团队负责人。图为“二顺”旅居加拿大，尹彦强作为中方专家赴多伦多

传播友谊　对外交往当使者

20 世纪 80 年代，随着对外开放的深入开展，国际城市友好交往日渐频繁。重庆动物园自 1986 年 1 月 22 日组织金丝猴“阳阳”“虹虹”赴美国西雅图动物园、波特兰市动物园展出后，“新星”赴加拿大展出 120 天，之后“新星”家族成员“川星”“乐乐”“二顺”分别赴韩国、美国、加拿大展出或开展科研繁育工作，成为友谊传播及和平友好的使者。

1988年2月13日至28日，第15届冬季奥林匹克运动会在加拿大的卡尔加里举行。卡尔加里曾于1964年和1968年两次申办奥运会，这次才如愿以偿。所以加拿大对这次冬奥会十分重视。加拿大总理布莱恩·马尔罗尼和卡尔加里市市长简·克莱因请求在冬奥会期间大熊猫赴加展出，助力冬奥会。1987年12月3日，建设部绿化局张纪群、重庆市动物园谢幼新赴加考察大熊猫借展场地、医疗设备等。1988年2月4日，“新星”（临时改名为“琼琼”）和“希希”在专家赵观禄、吴德辉护送下，到卡尔加里动物园展出，于9月10日返渝，历时120天，观众达125万人次。一名身患癌症的小男孩坐着轮椅前来参观，圆了他患病以来最想实现的梦想。小朋友在大熊猫面前，激动得哭了起来。这件事被加拿大当地媒体广为报道，被传为佳话。

展出期间，“新星”曾出现食欲不振、腹痛、精神萎靡、排黏液频繁等症状。面对蜷缩在角落里的“新星”，中加双方的专家们感到困惑，“新星”刚到这里时能吃能睡，活泼可爱，尤其喜欢吃产自圣地亚哥的金竹和伞竹，但现在却不理不睬。出现这种情况，是环境因素的影响？还是有什么炎症？专家们连线国内咨询，制定了周密的检查和诊疗方案，诊断结果是感染了子宫内膜炎。问题不大！找到了病因，中加双方工作人员如释重负，随后进行消炎治疗。康复之后，“新星”又恢复了活力四射的样子。

有了此次成功合作，重庆、多伦多动物园的协作逐渐深化。1991年，加拿大多伦多动物园园长卡尔·怀特到重庆考察交流。1992年10月13日至20日，卡尔·怀特携动物博士比尔·莱普与重庆市园林局及动物园就动物交换、饲养技术、濒危动物保护、人员培训和设备援助等事宜进行磋商，签订友好交流协作备忘录。1995年，重庆动物园与加拿大多伦多动物园正式签订“姊妹园”关系协议书。2012年2月11日，《中国动物园协会与加拿大多伦多动物园、卡尔加里动物园联合体关于合作进行大熊猫保护与研究的协议》在重庆动物园熊猫馆广场签订，加拿大总理斯蒂芬·哈珀偕夫人和国家林业局、中国动物园协会及重庆市政府的领导出席签字仪式。2013年3月大熊猫“二顺”前往加拿大多伦多动物园，开始为期十年的大熊猫保护与研究合作历程。

“新星”的一生，仅此一次出国。但凡来重庆动物园参观的国际友人团体，都要一睹“新星”的风采。1991年7月6日，朝鲜开城市市长率友好参观团来园访问，在观赏“新星”后题词：“祝愿在研究大熊猫中取得更大的成果”。

继“新星”之后，其后辈们继续担当和平使者的角色。1994年9月23日，“新星”的长女“川星”到韩国汉城市[①]韩国三星爱宝乐园进行为期十年的合作繁殖展出。2003年，“新星”的儿子“乐乐”入住美国孟菲斯动物园，十年期满后又续约十年。之后，“新星”的孙辈、曾孙辈出国的日渐增多，“新星”家族在传播友谊、促进和平中贡献突出。

---

①注：即今韩国首都首尔市。

1988 年，大熊猫“新星”在卡尔加里动物园展出

1991 年 6 月 17 日，重庆市动物园与加拿大多伦多动物园签订友好合作意向书

1996 年 11 月 14 日，“新星”的长女“川星”在韩国三星爱宝乐园

2003 年 4 月 7 日，运送“新星”的儿子“乐乐”和“丫丫”的班机抵达美国田纳西州国际机场

2009 年 11 月 25 日，重庆动物园与加拿大多伦多动物园签订动物交换协议

2012 年 2 月 11 日，加拿大总理哈珀在重庆动物园出席租借大熊猫签约仪式后，与夫人怀中的大熊猫“二顺”对视

2013 年 3 月 23 日，重庆动物园举行“二顺”访问加拿大欢送仪式

浪漫爱情　独恋宝兴熊猫基因

大熊猫的性成熟年龄一般是4岁到6岁。1986年，“新星”开始性成熟，之后坠入爱河，书写了一个个浪漫而动人的爱情故事。

“新星”经历了几段“姻缘”，如雄性大熊猫“川川”“亮亮”“灵灵”和“希梦”。其中延续时间最长、恋情最为传奇的是与“川川”那一段。它与“亮亮”只有一面之缘，且不欢而散。

“新星”的一生，爱情浪漫至极。先后演绎了令人动容的“黄花恋”“同乡恋”“姐弟恋”“黄昏恋”，还有其他熊猫难以企及的“期颐恋”。

“新星”的一生，只有与具有宝兴熊猫基因的丈夫配对，产下的才是活仔，且成活率极高，这不能不说是一个奇迹。

牛郎织女鹊桥会

在重庆动物园，当年大熊猫“新星”居住的宿舍里，有一座木拱桥，木制的桥身，弯弯的造型，酷似牛郎织女每年七月七日约会的鹊桥。

就在这木拱桥上，“新星”和“川川”上演了持续十年的同乡恋。

为给“新星”找到一位如意郎君，重庆动物园的奶爸奶妈们煞费苦心，在全国各地遍访熊猫王子。此时，远在千里之外的上海动物园，也有一位从宝兴出来的大熊猫，名叫“川川”。

“川川”于1981年5月在野外获救后来到上海动物园，当时它大约八月龄，刚学会啃食竹叶，体型显得瘦小，体重仅15千克。经过饲养人员的精心呵护，它很快适应了上海动物园的生活环境，健康成长，短短几年之后，它就成为人见人爱的“帅小伙子”啦。它那漂亮的面容，黑白相间的毛色，那憨态可掬的动作常常引来中外游客阵阵欢笑。

转眼“川川”已在动物园生活7年了，根据大熊猫的生理特性，此时已到了性成熟期。每当春季，“川川”表现出性情烦躁、不思饮食的状态，就证明它已进入发情期。为了使大熊猫在动物园得以繁殖，技术人员开始在全国动物园为“川川”征婚寻找佳偶。在多方努力下，终于在重庆动物园熊猫馆物色了几位候选配偶。

1990年春天伊始，“川川”千里迢迢来到重庆动物园相亲，在与几位熊猫小姐姐见面时，不知为什么，“川川”始终找不到感觉，显得冷酷而高傲，一次次地让奶爸奶妈们失望。尽管在这里待了一年多，可是“川川”却没有找到如意伴侣。

冥冥之中，“川川”似乎在等待着“新星”的出现。

1992年，正在春暖花开的时节，“新星”再次春心萌动。动物园的奶爸奶妈们忙着为她寻找配偶。选来选去，上海动物园的“川川”进入了大家的视野。分析起来，“川川”和“新星”还真的是“门当户对”：他们都来自四川省宝兴县野外，年幼离家，身在异乡，“哥哥”大“妹妹”1岁。相似的经历，适宜的年龄，或许还都懂宝兴的方言，二者应该说是再般配不过的了。

尽管如此，大家还是多少有些担忧。在野外，雄性大熊猫为争夺与雌性大熊猫的交配权，数只间往往是生死相搏，唯有胜出者才能拥有优先交配权，而雌性大熊猫发情期间常会跟多只雄性大熊猫交配，所以熊猫宝宝只知其母而不知其父。即使是一雌一雄在一起，只要有一方看不上眼，便会大打出手，这在熊猫界是常事。

一般来说，大熊猫的婚配讲究天时、地利、熊猫合。时间上对不对，是否正好是大熊猫发情、排卵的时间；地理环境好不好，大熊

猫是否能适应这里的生活环境，安居乐业、生儿育女；雌雄两只猫合不合，是否相互喜欢，能否顺利结合交配。

出乎大家意料的是，“新星”和“川川”一见面就激动不已，在院内嬉戏打闹，像久别重逢的恋人般开心……即使没到“合笼”时让它们暂时分开居住，“新星”和“川川”也不进笼舍，而是各自守在两个相邻院子隔墙的铁栏杆门两侧，一定要让彼此在对方的视线里，那情景很是感人……两只大熊猫“一见钟情”“你侬我侬”，这让两方动物园的“家长”们深深松了一口气。

“川川”在上海动物园

“川川”和“新星”都是来自宝兴县野外的“老乡”大熊猫，也许是在他乡偶遇“家乡熊”，也许是缘分到了，看对眼了，碰撞出了“爱”的火花，也许是他们很有灵性，交配行为无师自通。那一年，它们“两情相悦”地自然交配成功，同年八月即喜得一女。

有了这次经历，“新星”和“川川”好像都将对方铭记在心。1992 年上海、重庆动物园签下大熊猫“婚约”，每年春节后，“川川”都会坐飞机来渝与“新星”“鹊桥相会”。尽管是一年一次，但他们却比牛郎织女幸运多了，他们的一次约会就是几个月到半年。每次“川川”到来，就被安排在与“新星”一墙之隔的小院内，墙上开道小门，两只猫可以隔栏传情。快到发情期，“新星”会天天跑到小门边张望许久，看不到“川川”就开始大声吼叫，茶饭不思、魂不守舍，直至“川川”出现。

1990—2006 年的十多年间，“川川”曾十次往返于上海和重庆，在它有限的远游经历中，除了从宝兴老家到上海，其余全部是飞重庆会“新星”，与“新星”相伴厮守。十多年的“鹊桥相会”，它们共生育存活了 5 名子女，让来自大熊猫故乡的野外纯正基因，成功地延续下来，并且通过后代的不断联姻，成为熊猫王国的知名世家。

晚年的“川川”在上海动物园依然“圈粉”无数

“川川”初到上海动物园时，奶爸奶妈为他喂奶

令人动容的爱情传奇

为了种群繁衍，“新星”和“川川”也曾被安排与其他熊猫相亲，但都遭到了他们的断然拒绝。

1996 年春天，上海动物园为了让“川川”的优良基因得到更好遗传，为大熊猫“川川”找了一只年轻貌美的大熊猫“竹囡”，当“竹囡”步入“洞房”后，“川川”竟对“熊猫新娘”置之不理，任凭“竹囡”急切呼唤，“川川”始终无动于衷。第二天，当工作人员再将“竹囡”放入“洞房”，“川川”仍然表情漠然，就在“竹囡”对“川川”表示亲昵时，没想到“川川”竟然对“竹囡”拳脚相向。饲养人员只能将“竹囡”送回原籍。而后远赴重庆动物园见到“新星”后，“川川”马上换了一张脸，喜出望外，激动不已，似乎除了“新星”，它是再也不会理会任何熊猫姑娘。“川川”前后截然不同的表现，令人不可思议，其情感竟如此专一，不愧为熊猫中的模范丈夫。

从此以后，奶爸奶妈们也懂得了“川川”的用情专一，再也不安排“川川”与其他熊猫小姐相亲，只专一地与“新星”配对。

而远在千里之外的“新星”，也只钟情于“川川”。

2008 年初春，乍暖还寒，正是熊猫发情季。“新星”似乎是思念“川川”心切，有了约会的欲望。但此时的“川川”，年纪渐老，已在上海动物园颐养天年，完成不了与“新星”赴约的重任。重庆动物园只好为她物色了新的伴侣——一个年仅 8 岁的大熊猫“亮亮”。

“亮亮”来自卧龙（现中国大熊猫保护研究中心），有 106 千克重，正值壮年。3 月 7 日 17 时，“新星”与“亮亮”被安排在当年“川川”住的笼舍内“合笼”。“亮亮”是第一次相亲，一点经验都没有，根本不知道体贴和抚慰。一见到“新星”，就热情似火地扑上去。“新星”见来的不是“川川”，且又那么粗鲁，就努力挣扎，拒绝配合。“亮亮”大怒，竟然对“新星”进行疯狂的撕咬。早有准备的工作人员赶紧将其分开，把“亮亮”赶进内舍运走。即便如此，“新星”右后肢还是被咬出四个牙洞，左后肢被咬出两个牙洞，鲜血淋漓，右前肢也有擦伤。

清创完毕，考虑到通风对“新星”伤口恢复有益，饲养人员便没有关闭笼舍，无法走动的“新星”就趴在舍门外。

凌晨，天空飘起毛毛雨，放心不下“新星”的张乃成起身去看，只见“新星”已用两只前掌支撑，一点点将身子挪至院内小木拱桥边一面的青石台下，匍匐在雨中……那木拱桥可是当年“新星”与“川川”最喜欢一起玩耍的地方，青石台则是“川川”在上面打瞌睡的地方……

万物皆有灵性，想起下午“新星”对“亮亮”的极力抗拒，再看看面前雨中的“新星”，它受伤如此严重，依然“痴情”。“它一

定是在想‘川川’！”张乃成不禁想到。他赶紧找来彩布条和6根竹竿，为“新星”搭建起约30平方米的棚子避雨，简直是一座“望郎棚”！

平日里颇有些“公主脾气”的“新星”，望着浑身透湿的张乃成，一声不吭。那凄迷的眼神里，透露出无尽的哀怨和思念。

“新星”不会想到，就在她受伤的前几个月，“川川”出现了鼻出血症状，让奶爸奶妈们担心不已。兽医们经过会诊后发现，“川川”患有鼻炎，血压高达180/122。按初步检查结果来看，上了年纪的“川川”应该是由于老年高血压引起的鼻黏膜出血。但为了慎重起见，进一步排除恶疾的可能，兽医们请来长宁区中心医院的耳鼻咽喉科主任医师等一行5名医生为“川川”检查，他们专程带来鼻镜等医疗设备，为“川川”做了仔细检查。最终检查结果表明，“川川”确为高血压引起的鼻黏膜出血，兽医们这才完全放下心来。此后的“川川”，喜欢趴在展厅的参观玻璃旁，显得懒懒散散，无精打采。或许也在思念远方的“新星”吧。

2010年，30岁的“川川”因身体机能衰竭而寿终正寝，望眼欲穿的“新星”再也没等到自己的“情哥哥”。

大熊猫“川川”

大熊猫“川川”来自四川省宝兴县，1980年9月出生，1981年由蜂桶寨保护区管理所收养，1982年8月24日转送上海动物园。从1990年11月借给重庆动物园配种，到2006年，“川川”往返上海和重庆之间十次，与“新星”建立了长久而稳定的夫妻关系，共同生育成活5名子女，分别为“川星”（雌，1993）、“聪聪”（雄，1994）、“灵灵”（雄，1995）、“乐乐”（雄，1998）、“蜀庆”（雌，1999）。2001年4月18日到5月9日，“川川”曾到北京动物园参与繁育工作，可惜没留下后代。

2010年，“川川”因身体机能衰竭死亡，享年30岁，相当于人类的百岁以上的长寿之星了。

在熊猫粉们的眼中，“川川”虽长相俊美，但不会养颜且“不修边幅”。老年的“川川”眼睛很好，明亮的两只大眼睛，看起来没有一点老年白内障的痕迹。“川川”还略显羞涩，给它拍照时难得给点正脸。

1990年，“新星”曾与兰州动物园的“南南”接触，可惜未能产仔

晚年的“新星”时常这样凝望着门外的“鹊桥”，似乎在思念着与“川川”相会的日子

当年“新星”的笼舍和“川川”的笼舍只有一墙之隔。它们经常通过墙中的小门约会

“川川”一生只恋“新星”，对爱情的专一度令人感叹

高龄产仔创纪录

2002年，“新星”已经20岁高龄了，在这个年龄，相当于人类60~80岁的妇女，要繁育后代，几乎不可能。

但“新星”的基因十分强大。3月29日，“新星”又完成了一次婚配。怀孕108天后，7月17日凌晨4点25分和52分，“新星”顺利产下了一对健康的双胞胎。当时我国大熊猫最高产仔年龄是17岁。“新星”这次高龄产仔，是我国年龄最大的大熊猫首次产出活体双胞胎。

2001年是中国大熊猫繁育的歉收年，全年仅产了8只大熊猫，存活6只。“新星”这次产下双胞胎，不能不说是对熊猫界的一大贡献。

“新星”1992年开始产仔。10年来，它共怀胎8次，产仔10个，存活6个，称得上是“英雄妈妈”。其中怀过2次双胞胎，但第一次生下来就是死胎，这次是首次产出活体双胞胎。

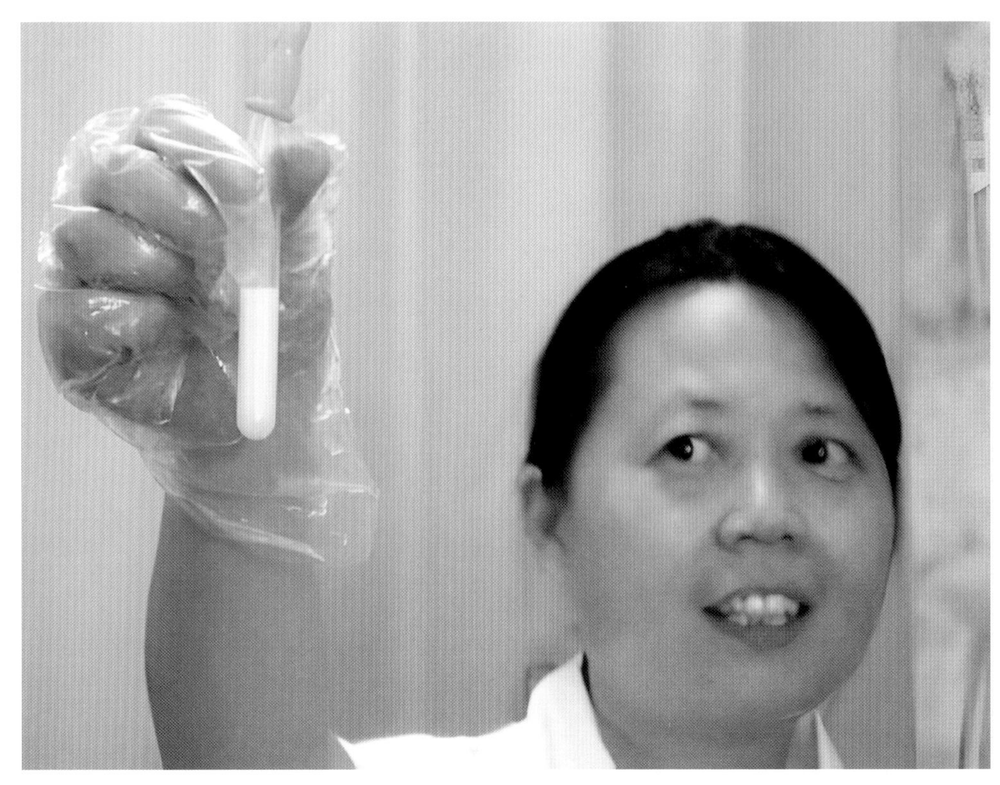

“新星”产下的双胞胎中，人工哺育的幼仔吃的是狗奶，每次只吃一小管

2002年7月16日　星期2　天气 晴

动物情况：

昨晚给竹叶1枝母猫没有吃，一夜不停地来回走动，掏水，咬产巢。
早上做清洁时，有2次黄色精料便，4次竹叶便成形，共6次。
[illegible]2.9kg。进笼舍时见母猫还在走动，掏水。
7:50 喂饲料：[illegible]竹笋、苹果、竹笋少许，精料窝窝头2包，米粉70g。当时把饲料放在笼门口，叫唤母猫过来吃，过10分钟左右才进来吃饲料，没有吃完，剩[illegible]，苹果不吃。吃东西时特别慢，胆小。掏水，后给竹叶1枝不吃，母猫在来回走动。
[illegible]:30 听到母猫呼吸，可能已在那里休息，见不到猫。呼吸：82次
[illegible]:46 听到母猫在来回走动，掏水。
10:27 母猫进产巢，在里边坐起，有时舔手，舔阴。（10:35 呼吸117次）
11:05 咬西口产巢边，就躺在产巢里睡觉。（11:10 呼吸90次）
11:17 母猫起身坐在舔外阴，咬产巢，舔手。

兽舍情况：

繁殖情况：没有经历过高峰体验。[illegible]

※此记录将作为资料保存，不得撕毁。必须保持整120页。

年　月　日　星期　天气

动物情况：

[illegible]:30 母猫躺下又坐起，抓产巢，烦躁。
[illegible]:32 到外走动。
[illegible]:10 进4号产房走动一圈后到产箱中休息
[illegible]:52 到外走动后休息
[illegible]:40 母猫进产巢咬产箱，抓挠。
[illegible]:10 坐在产巢里，舔手，舔了几下外阴。（16:00 呼吸88次）
[illegible]:26 走出产房，到外走动。
[illegible]:35 进4号间产巢舔手。
[illegible]:40 在产箱里躺睡。
[illegible]:45 起身舔外阴，咬产巢
[illegible]:10 走出产巢在外掏水，走动。
[illegible]:35 进4号产房走动二圈后到外走动。
[illegible]:40 母猫进了4号产房，在产巢里卧起

注：16:30 放饲料在门口，母猫不吃，来回走动，掏水。
16:50 拿出饲料[illegible]，后放竹叶1枝在门上。
当时笼舍温度24℃ 湿度[illegible]%

年　月　日　星期　天气

动物情况：

5:57 母坐着睡，仔一直叫，母猫又抱起仔舔。
6:00 母子比较安静。
母抱着仔坐睡，呼吸[illegible]次。
6:16 仔在大猫怀里叫了一声，母不理，继续睡。
6:21 仔大叫二声小叫几声，母猫还在睡。注：这时间母猫休息15分钟。
6:30 仔一阵大叫，母猫抱仔舔。
6:31 母猫抱仔坐睡，仔在怀里乱叫几声就安静下来5分钟。
6:40 母猫抱仔一直在舔。　6:55 呼吸：96次。
6:45 母猫抱仔[illegible]，另一只掉在笼板上。
7:00 两仔产出，只捡一仔抱在怀中，工作人员将其抱入到育幼箱中人工哺育。
7:30 母子入睡，仔安静。
7:40 母子舔[illegible]，仔叫二声又安静
7:50 仔叫一声，母坐睡

兽舍情况：

※此记录将作为资料保存，不得撕毁。必须保持整120页。

2002年7月17日　星期三　天气

动物情况：

1:55 母猫生仔第1次用时间6分钟，没有生出来。　2:4[illegible] 母猫在笼舍门口有[illegible]
2:30 2次用时间3分钟，大猫哼了一声。　2:47：呼吸100次。
2:40 在门口趴下8分钟，后在笼舍里走了三圈。
3:05 舔了两下外阴，躺下8分钟，又坐起舔外阴，这次舔了19分钟。
3:36 又躺下，出[illegible]
4:25 母抱仔舔，仔在叫。
4:45 仔大叫两声，母一直抱仔在舔。
4:52 仔一阵大叫。（可能又生一仔）
5:00 母抱仔舔，仔比较安静
5:14 仔几声大叫，母赶紧抱好舔。
5:18 仔又大叫了3声。
5:25 仔又大叫几声，母猫不停地舔仔。
5:26 母猫想睡，仔大叫。
5:35 仔大叫几声
5:46 母猫抱着仔，仔还一阵大叫。
5:50 呼吸：79次。

2002年7月16—17日，“新星”产下双胞胎的过程及育仔记录

三入洞房黄昏恋

2005 年，“新星”已经 23 岁，在熊猫界已经进入老年期了。

“新星”在 3 年前创下“圈养大熊猫最高生育年龄”的世界第一。没想到 3 年后的这个春天，“新星”再坠爱河，与小它 7 岁的“希梦”三度“洞房”。

在此之前，“希梦”有过婚配史。2001 年，8 岁的“希梦”已经成年，卧龙中心给“希梦”观看科普教育片，进行长时间的性教育，让“希梦”成功学会本交，当年就与号称“第一美女”的“龙古”共赴爱河。

2005 年 2 月底，“希梦”从四川卧龙来重庆选“媳妇”，住在重庆动物园豪华单间里。隔壁住的就是“新星”，“新星”虽已 23 岁，但身体健康，风韵犹存。

两套圈舍之间，隔着一堵墙壁，墙壁中间留有一道小门，透过铁门栅栏，“新星”和“希梦”可以见见面。

3 月的重庆春暖花开，加之豪华单间伙食不错，不到一个月，两位的春心开始荡漾起来。“新星”每天都到铁门处看“希梦”，闻闻其身上“男子汉”味道，或在其面前扭扭屁股。而“希梦”也很乐意接受，还和“新星”喃喃细语。二位终于谈上恋爱啦！熊猫馆的工作人员感觉这对熊猫应该“有戏”。

工作人员盼望二位早日“完婚”，不敢怠慢，24 小时对它们进行观察。

3 月 15 日下午 2 点左右，看到“新星”“希梦”着急的样子，工作人员看到时机成熟，便将紧锁的铁门拉开，“新星”和“希梦”便急不可耐地完成了第一次“洞房”。新婚夫妻感情甚好，16 日晚 7 时许，又二度“洞房”；17 日下午 5 点 40 分，三度“洞房”。

虽然配对成功，但当时的技术很难测出熊猫是否受孕，而且熊猫幼崽又很小，仅仅通过肉眼观察熊猫妈妈的肚子是看不出来的，因此，此次受孕是否成功，只有等 80 到 180 天后看幼崽能否从妈妈肚子里出来。如果真是那样，那熊猫界的高龄产妇“新星”将刷新她自己所创的世界纪录！

值得一提的是，洞房之后成陌路人，或是正在行房时双方打起来，这些都是熊猫夫妻的生活习性。但“新星”“希梦”这对老妻少夫的此次蜜月却一直在和平的气氛中度过，这是很难得的。

遗憾的是，“新星”这次没有怀孕。

大熊猫“希梦”1993年9月19日生于卧龙大熊猫中心，谱系号399，母亲“冬冬”、父亲“盼盼”均来自宝兴。“希梦”最有名的事，是一次自残：卧龙给一个20岁的母熊配种，就让大龄男“希梦”上场。那年，熊界“梦露·龙古”，年轻漂亮，迷倒了卧龙所有公熊。卧龙人瞒天过海，先让“希梦”和“龙古”相亲，把“希梦”引得一头劲。而后把“龙古”的气味涂抹在圈舍中，趁着夜色放入“希梦”和高龄母熊。高龄母熊兴奋的叫声惊醒了“希梦”。当它意识到被骗后便气到追打高龄母熊，被强行分开后，拿起一根竹子扎向自己的小腹，鲜血直流。

晚年的“希梦”回到宝兴大熊猫宣传中心休养。

2005年3月29日，大熊猫“新星”在草地上就餐

老熊猫聊发少年狂

“国宝”熊猫谈恋爱原本正常，然而谁能想到，已经当上祖母的28岁“高龄”大熊猫“新星”在2010年居然也“春心”萌动。常常发出“汪汪汪”如同狗叫的声音。一有人走近笼舍，它就眼巴巴地望着，还在地上打滚。大熊猫不能说话，就用这种方式告诉饲养人员，她想谈恋爱了！这让重庆动物园的工作人员无不喜出望外——这意味着，已育有8胎的“英雄妈妈”有望再次生育！

这是“新星”2002年生孩子以来，首次出现如此明显的发情特征，奶爸奶妈们却兴奋不已——要知道，圈养大熊猫的寿命一般也就是20多岁，能够达到28岁的都比较少。“新星”28岁这个年纪，已相当于人类80~110岁了！

2000年，当时18岁的“新星”已经成为重庆动物园“高龄大熊猫繁殖研究”的研究对象。饲养人员从改善饮食结构到帮助它运动，使其体内的雌性激素保持在相当的水平。2002年，“新星”产子后，大家都把这个“英雄妈妈”供养起来，想让她安享晚年，没有奢望“新星”能够为大熊猫家族的繁盛再做贡献。让专家们又兴奋又吃惊的是，时隔8年后，她居然再次“动情”了。

那个时期，圈养大熊猫还面临着“三难”问题——发情配种难、受孕难、幼崽成活难。据当年的统计：当时国内已饲养的大熊猫中，性别比例大体为一比一，但能够受孕产仔的雌熊猫仅占30%，而雄熊猫中有交配能力的更少，约占雄熊猫总数的14%。

“新星”的表现，让专家和饲养员颇为为难。究竟谁会是她的伴侣？由于雄性熊猫的性成熟是在6岁左右，从资料上分析，当时重庆动物园的雄性熊猫中，只有10岁的“亮亮”符合条件，因此它很有可能成为“新星”的未来伴侣。

饲养员准备适时安排“新星”与园内的雄性熊猫交配，一旦成功且顺利产仔，将再次刷新高龄大熊猫的繁殖纪录。大熊猫从发情到配种，再到受孕，这一系列过程都是十分困难的事情，经常让工作人员看着干着急。在圈养大熊猫的发情期，奶爸奶妈们可能会做几件事情：通过雌雄个体的串笼进行气味刺激，为熊猫播放交配之前和交配过程中的叫声，安排没有经验的熊猫到现场观看其他配对熊猫的交配行为或观看视频进行启蒙教育等，从而培训那些没有繁殖经验的熊猫。对于已经有多次配种经历的“新星”来说，模仿和学习倒不太难，最关键的问题是，“新星”到底会不会出现最佳受孕期？虽然采用人工授精也是近年来常用的方式，但专家们仍希望她是自然受孕。所以，动物园派出专人，每天24小时观测，等待“新星”的最佳受孕时机。可惜这次配种未能成功。

大熊猫“亮亮”

“亮亮”，谱系号513，2000年8月10日出生于卧龙（现中国大熊猫保护研究中心），父亲是“大地”，母亲是“英英”；2003年9月21日，转到雅安碧峰峡基地；2007年6月15日，来到重庆动物园熊猫馆定居。

大熊猫亮亮，是“新星”最后一位“丈夫”

28岁时发情的“新星”

英雄母亲　后代遍及全世界

断定一只大熊猫是否是英雄母亲，得符合相应的条件。比如受孕胎数多、产仔数量多、育仔成活多、后代扩繁力强，以及对本园及整个熊猫界繁育贡献突出，同时还要看当时的大熊猫繁殖技术状况。

2002 年，“新星”在 20 岁时诞下双胞胎，这个纪录在 8 年后才被它的孙媳妇“海子”打破，28 岁时还春心萌动想生娃。延续的后代有 150 多只，占圈养大熊猫总数近四分之一。它和“川川”是重庆动物园和上海动物园的镇园之宝。

“新星”的“英雄母亲”荣誉名副其实，向来为熊猫界公认。

镇园之宝

20 世纪 80 年代，我国掀起了大熊猫的保护热潮。动物园作为野生动物迁地保护、科学研究、供公众观赏、科学普及和宣传保护教育的场所，抓好大熊猫饲养管理，千方百计扩大动物种群是最积极的、有效的迁地保护措施。因此，在那个特殊时期，凡是饲养有大熊猫的动物园都在尝试圈养大熊猫的繁育，都在致力于挽救濒危的国宝家族。

重庆动物园和上海动物园也不例外，二者都有悠久的历史，且动物繁育的科研力量雄厚，但在大熊猫繁育方面，却迟迟没有突破。

20 世纪 90 年代前，上海动物园曾经有一只名叫“晶姬”的雌性大熊猫，共生育了 15 只幼崽，可惜无一成活。重庆动物园于 20 世纪 60 年开始饲养大熊猫，80 年代开始繁育大熊猫幼崽。在 1985 年曾繁育成功一只大熊猫，也只活了不到一年时间；后来繁育成功“竹囡”，之后的五六年间，再也没有新的进展，尽管繁育成功了几胎，但都没有成活。

大熊猫的繁育，除了技术，可能还与父本和母本的基因有关。两家动物园都在苦苦思索，都在寻找来自野外的或者亲本是野生大熊猫的育龄个体。但此时国家已明令禁止从野外捕捉大熊猫，抢救回的大熊猫数量又少得可怜，且分散在国内各大动物园中，那时交通不发达，要实现大熊猫的配对，可谓难上加难！

1991 年，上海、重庆两家动物园签订联合繁殖大熊猫的协议。协议约定，每年由上海动物园通过空运的方式将“川川”送到重庆，与重庆动物园的几只雌性大熊猫相亲，等配对成功后再返回上海。

两家动物园的联姻合作，两只大熊猫的强大基因，让这两家动物园在大熊猫繁育领域都得到空前成功。16 年中，“川川”在上海和重庆两地来回往返了 10 次，和重庆动物园的“妻子”——“新星”共同生育成活 5 名子女，分别为“川星”（雌，1993）、“聪聪”（雄，1994）、“灵灵”（雄，1995）、“乐乐”（雄，1998）、“蜀庆”（雌，1999）。

因为“新星”和“川川”的卓越表现，上海动物园曾获得科技进步二等奖，重庆动物园也获得多个奖项，一些与“川川”和“新星”朝夕相处的饲养人员也获得了各种荣誉。

因为“新星”和“川川”的卓越表现，在那个在没有网络、没有直播的信息落后的年代，“新星”和“川川”就凭着“英雄妈妈”“英雄父亲”的标签走红。许多游客慕名而来，到两家动物园就为一睹“新星”和“川川”的风姿。

有那么一段时间，“新星”和“川川”成为两家动物园的“镇园之宝”！

《大熊猫繁殖》

1997年获上海市人民政府、科学技术进步奖评审委员会授予的市科技进步二等奖

上海动物园“大熊猫繁殖”课题获得1997年上海市科技进步二等奖，“新星”和“川川”功不可没。

第五篇 科研·科普·宣传

第三节 科研项目、论文

重庆动物园科学研究始于20世纪60年代，70年代后期对华南虎研究取得重大突破。之后，在野生动物寄生虫和大熊猫繁育研究领域成果不断，园科研工作在动物饲养、繁育、疾病防治、营养学、行为学、生态学、种群管理、保护教育、丰容等各个领域全面发展，科研水平和国内一流动物园的差距逐步缩小。

一、科研项目

动物园科技人员独立或联合开展科学研究项目55项，获得各级奖励的项目17项，其中获市、部级以上奖励的项目10项。

1972年派收购组对产地动物分布、生活习性作认真调查，为以后保护管理好野生动物提供依据。

1978年12月华南虎首次产仔2只，人工育幼成功，受到国际濒危物种保护委员会、世界虎种研究会的关注和支持。1980年获重庆市科技成果四等奖。1984年6月国家城乡建设环境保护部决定在重庆动物园建立华南虎繁殖研究中心，它的建立必将对濒于灭绝的华南虎在繁殖生态、生理、组织胚胎、行为心理、遗传等基础科学的研究起进一步地推动作用，对华南虎种群的复壮产生积极地意义。

1985年黄华、赵观禄参与四川省种猪研究所研究员郧捷主持研究的《亚洲象寄生虫研究》项目，查明亚洲象寄生虫蠕虫类分属6科7属，发现新种“象芬德吸虫”及探索其防治方法，于1988年获重庆市科委科技进步三等奖。

1985年胡洪光参与的《小熊猫寄生虫和大熊猫蛔虫病的研究》项目，获四川省政府“1985年度四川省科学技术进步三等奖”。

1993年郭伟主持的《高温下大熊猫育幼研究》项目，采用空调降温并利用监控设备24小时观察护理的方法，使大熊猫“新星”1994年7月所产幼仔平安度过高温季节而成活。此方法属全国首例。1995年获重庆市科技进步二等奖。

吴登虎主持的《金丝猴、黑叶猴等灵长类动物鞭虫病防治与虫种鉴定研究》项目，1995年3月至1998年12月对重庆动物园所有灵长类动物进行肠道寄生虫普查，发现并命名“川金丝猴毛首线虫新种”，筛选出治疗灵长类鞭虫病的最佳口服药和最佳投药方法，并筛选出治疗鞭虫病的新药伊维菌素和探索出新的用药途径，使动物园灵长类动物鞭虫病

· 241 ·

重庆动物园郭伟主持的课题“高温下大熊猫育幼研究”获得1995年重庆市科技进步二等奖

母性极强

育幼，是大熊猫繁育的关键环节，也是难点环节。大熊猫本交技术和人工授精技术突破后，育幼就成为繁育的瓶颈。在大熊猫界，有一个不成文的规定，产下的幼崽成活没有达到 6 个月，就不能算繁育成功。

没见过熊猫育幼的人根本无法想象大熊猫育幼之难。新生的熊猫幼崽一般只有几十至一百多克，极少幼崽有超过二百克的，跟只小老鼠似的，而且出生的幼崽是没完全发育的，不容易带大。有些初为母亲的大熊猫吃东西时不小心把幼崽掉在地上压死了；也有的熊猫妈妈睡觉翻身时不幸把宝宝压死。类似的事情屡见不鲜。

但“新星”是一只母性极强的优秀熊猫妈妈，饲养员们至今仍对它身上的母性念念不忘。从头胎开始，所有活下来的幼崽都是她亲手带大。有一年哺乳期，它拉肚子，需要离开产箱，就算这样，它也寸步不让孩子离开自己——先是把幼崽捧在掌心走出产房，方便的时候就衔在嘴里。大熊猫怀孕前，会主动大量吃喝以储存能量。有一年，“新星”生完孩子后，整整 18 天不吃不喝。幼崽新生后的一段时间里，“新星”一直将孩子抱在怀里，走路时也用嘴衔着，典型的“含在嘴里怕化了，捧在手上怕摔了”。母子嬉戏时，它有时会把孩子像圆球一样滚来滚去。

“新星”还会为孩子示范吃竹子。当熊猫幼崽开始学习爬树，它会用前足将抱住树干的孩子向上掀。

大熊猫是独居动物，熊猫妈妈会在幼崽长到能够独自采食生活的亚成体时期分开，各自去占据领地。刚和子女分开时，“新星”会去寻找，甚至爬上树去张望，表现出烦躁情绪，食欲不振，有时甚至需要一个星期的时间才会恢复，这个时间比多数大熊猫要长。

2002 年，它在 20 岁高龄产下双胞胎，生产不久就将一个幼崽弃之不顾，只抱着另一个进行哺育。“新星”每天不定时地给怀里的幼崽喂奶、舔舐肛门排便、舔舐皮毛等，它自己带的那只慢慢地健康长大，被弃养的那个则由饲养员带回人工育幼。尽管饲养员为这只被弃养的幼崽满重庆寻到了熊猫母乳替代品，找到了刚生产的狗奶妈，但它因为身体孱弱，只存活了 18 天。

“新星”选择了双胞胎中身体相对强壮的幼崽喂养，舍弃是为了保全至少一只存活，这是大熊猫的繁殖习性之一，毕竟野生大熊猫的生存环境相对恶劣，要想将两只幼崽育幼成活是非常难的。后来这些年，在人工圈养条件下，食物充足、丰富多样、笼舍条件舒适，熊猫妈妈体质非常好，圈养大熊猫种群中的少数熊猫妈妈会将双胞胎两只幼崽都抱在怀里进行育幼。

大熊猫“新星”对自己的孩子悉心照顾

高龄产仔

2002年3月29日，已经20岁高龄的“新星”又完成了一次婚配。怀孕108天后，7月17日凌晨1:00，临产时的“新星”有些焦躁不安，到处“踩点”——它已经熬过了一百多个日日夜夜，终于等到了小宝宝出世的一天。

这是“新星”生产的第8胎，也是重庆市动物园接生的第一对熊猫双胞胎。动物园的专家们整晚未眠，守候在产房旁，静静地看着大熊猫“新星”缓缓地生产。

“新星”不停地在产房内转来转去，时常发出痛苦的呻吟。它弯着身子在产床上哼哼，在地上打滚儿，用嘴咬烂产槽。闷热难耐的高温使“新星”受不住了。凌晨2:00，“新星”弯着身子，从空调屋里跑了出来。它跑到外面的草地上坐着，想在野外产子。“新星”在草地上正在用劲，饲养员找上来了，先用声音呼唤它，“新星”不理，随后只好用小木棒赶，“新星”发怒了，它挥舞着爪子向饲养员抓去，口中还不时地大吼几声，并用嘴咬着木棒不放。一时间，饲养员和临产的“新星”，在草地上对峙着。

也许是腹中的孩子就快要生了，十多分钟后，“新星”还是不情愿地跟着饲养员回到了产房。

凌晨3:12，它终于躺在饲养员早已铺设好的草毯上，臃肿的身躯慢慢地在“产床”上翻出一个“最佳角度”。

4:07，小东西终于探出了头，粉红的身体晶亮透明，尖尖的嘴巴和椭圆的脑袋一点不像它的妈妈。肚皮鼓鼓的，饿坏了的小东西没等身体全部露出就四处转动着小脑袋，睁不开的眼睛眯成了一条细缝。4:25，第一只幼崽顺利产出，但没等落地，“新星”就立即将孩子搂在怀里，用湿润的舌头仔细地舔着，让不足10厘米长的小宝宝切身感受浓浓的母爱。4:52，第二只幼崽出世了，“新星”同样把它抱在怀里。还没吃奶的小东西“唧唧”地叫着，拼命在母亲柔软的胸部磨蹭。疲倦的母亲此时似乎也想小憩一会儿，抱着两个红红的小东西翻了个身。可没想到一不小心，老二就落在地上，“新星”却毫未察觉。

见此险情，饲养员冒着被“新星”袭击的危险，将这个仅118克的小家伙从冰冷的地上抱了起来，送进温暖的育婴箱。在多年的实践中，动物园的专家们发现狗奶的乳汁成分与大熊猫最为接近，适宜喂养新生熊猫，于是在“新星”生产前，专门配制了营养液和新鲜的狗奶。但没想到“新星”生出了两只小崽，这些替代品就被老二独自享用了。熊猫馆长郭伟拿出一根细细的喂奶管，吸起1毫升喂到老二嘴里，还没等靠拢，小家伙就急不可待地伸出嘴，一下叼住“奶头”，贪婪地吮吸着乳汁，2分钟后，狗奶才全部被吸入它的肚子。但“酒足饭饱”的小东西似乎还不满足，“唧唧”地叫着，四处乱爬。

对老二的抚育，园方十分重视，安排专人 24 小时看护。饲养员用一个袖珍奶瓶，小心地喂它。怕它吃得太快，饲养员用一只手指头，轻轻地“捶”着小家伙的背。喂完后，小家伙要睡觉了，饲养员又模仿熊猫妈妈的动作，用棉被轻轻地拥着它，并伸出一个手指，放在它的胸前，使它感到有所依靠。

遗憾的是，老二出生 18 天后就夭折了，只有“新星”自己抚育的那只熊猫宝宝健康长大了。

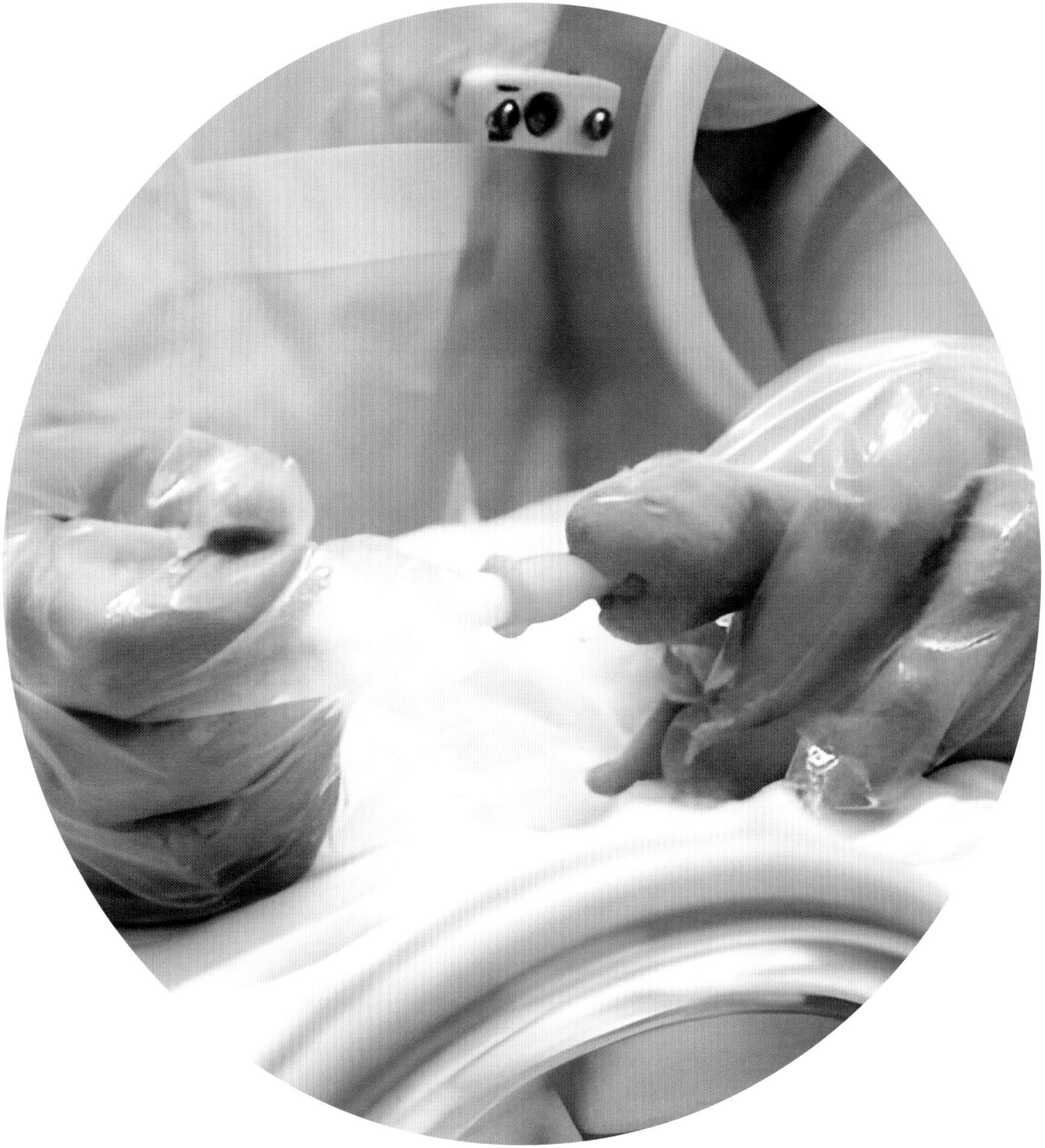

2002 年，重庆动物园人工抚育“新星”的幼仔，可惜这只幼仔未能成活

明星云集

根据2019年的数据，重庆动物园繁殖大熊猫25胎，共36只，这些大熊猫大多都是“新星”的后代。在“熊猫王国”中，“熊丁兴旺”的“‘新星’家族”拥有着极其重要的地位。截至2019年年底，“新星”的后代共有153只，分别居住在加拿大、美国、日本等国家以及中国台湾、香港、上海等地区。

第1代：“川川”“新星”

第2代：“川星”“聪聪”“灵灵”“乐乐”“蜀庆”“小小”

第3代：“团团”“海“乐乐””“思嘉”“萌萌”“二顺”“好奇”“金虎”“瑛华”“瑛美”“蜀云”“勇勇”“蜀琳”“蜀蓉”“蜀祥”“如意”“友友”“莽仔”“好奇”“丁丁”“良月”“比力”“丽丽”“格格”“雅奥”“美灵”“婷婷”“伟伟”“喜淘淘”“朵朵”“竹灵”“韵韵”“佑佑”“汉媛”“武阳”“好好”“香林”“悦悦”“龙欣”“竹海”“虎啸”“雅奥”“伟伟”“香林”

第4代：“圆仔”“圆宝”“双双”“重重”“喜喜”“庆庆”“福星”“福涛”“加盼盼”“加悦悦”“花点点”“大白兔”“福禄”“萌大”“萌二”“萌兰”“萌宝”“萌玉”“美萌”“兰萌”“渝宝”“渝贝”“香香”“妙音”“华丽”“和和”“九九”“离堆”“京宝”“天宝”“宝弟”“宝妹”“星美”“成大”“成小”“奥莉奥”“思一”“园润”“森森”“梦梦”“明明”“和兴”“和盛”“囡囡”“倩倩”“仨儿”“星一”“星二”“雅一”“雅二”“星语”“星愿”“珍多”“小丫”“小川”“启启”“梅兰”“园月”“园满”“奇一”“奇果”“晓晓”“蕾蕾”“星星”“辰辰”“奇珍”“奇宝”“晓晓”“蕾蕾”“初心”“小核桃”“雪宝”“巧月”“满满”“冰坨坨”“晴天”“钢镚儿”“悦悦”“婷仔”“园园”“园润”“小雅”“小馨”“珍多”“庆大”“路路”“毛豆”

第5代：“吉庆”“吉年”“福双”……

在这些后代中，有不少“名熊”。五个子女中，“川星”曾出使韩国，“乐乐”入驻美国孟菲斯动物园，“聪聪”因征名轰动全球，“灵灵”被誉为英雄父亲。在孙辈中有旅加大熊猫“二顺”、获诺贝尔奖得主丁肇中教授命名的“好奇”、赠予我国香港特别行政区的大熊猫“乐乐”和赠予我国台湾地区大熊猫“团团”……

“新星”和她的儿孙们
PANDA XINXING AND HER OFFSPRINGS
“新星”，
雌性，谱系号253，35
岁。1982年“新星”生于四川
宝兴县，1983年来到重庆动物园。
2002年，“新星”在20岁高龄时产下
了一对双胞胎，刷新了高龄大熊猫产仔
新纪录。截止2016年数据统计，“新星”
的后代共114只（子一代10只、子二代
42只、子三代62只），现存90只，分别居
住在加拿大、美国、日本等国家，中国台
北、香港、成都、雅安、上海等地区。

“新星”和她的儿孙们

旅居韩国的“川星”

大熊猫“川星”，1992 年 7 月 18 日出生于重庆动物园，是“川川”和“新星”的第一个孩子，谱系号 385。

1994 年 9 月，“川星”旅居韩国三星爱宝乐园，在那里生活四年多后，因亚洲金融危机爆发，于 1999 年 1 月回国。

在《重庆动物园饲养观察记录》中，对“川星”刚回到重庆动物园隔离地的记录为：

1999 年 2 月 8 日，自韩国回到重庆动物园。晚 8:30 抵达熊猫馆。8:40 隔离笼内。8:40 开始吃东西，精神状态良好，但对新环境还不很习惯，在兽舍内周围闻、嗅。8:50，排一节竹杆便。8:55，给竹子，立即采食；给饮水半盆，约 1000 毫升。10:00，观察吃竹杆，但显得很烦躁，在兽舍内来回走动。11:30，观察吃竹杆，仍很烦躁，不停地走动，饮水 1.5 盆，约 2000 毫升。

“川星”一生尽管多次参与繁育科研，但始终没有子嗣。其间还接受了冷冻精液配种，也是无果而终。

2006 年 2 月 14 日，“新星”度过了一个不同寻常的情人节。这天，14 岁的“川星”与 20 岁的“龙星”正式住在了同一“卧室”里，开始培养感情，为下个月的配种做准备。一天前，重庆动物园熊猫馆的工作人员便开始为“龙星”与“川星”“布置新房”，不仅帮它们将新房里的睡板清扫得十分干净，还特意喷上了消毒水。据熊猫馆的张队长介绍，两个可爱的家伙平时感情就很好，从没闹过别扭。此时来园游览的一对年轻情侣得知他们当天要同房，便将手中的玫瑰递了出去，想送给“新娘子”“川星”作“结婚礼物”，祝福他们早生贵子。

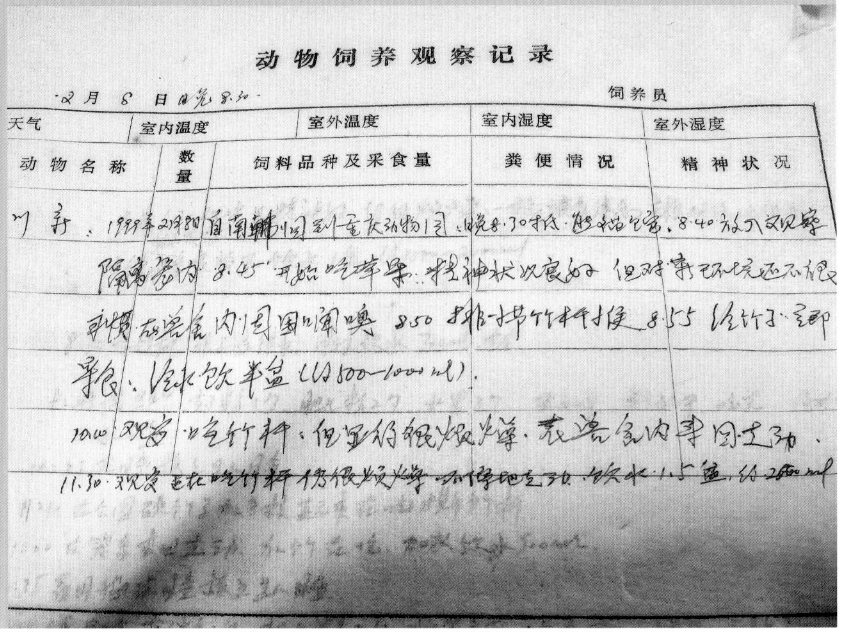

2013 年，芦山发生强烈地震后，宝兴县在当年阿尔芒·戴维发现大熊猫的地方重建了一个占地 21 750 平方米的大熊猫文化宣传教育中心。2015 年 7 月 20 日下午 4 时许，“川星”和“希梦”入住中心，受到家乡人民的热烈欢迎。他们在这里生活两年后，定居于都江堰基地。

2006 年 2 月 14 日，一对情侣将手中的玫瑰花赠予“川星”

“川星”在宝兴县大熊猫文化宣传教育中心

“恋爱达人”“灵灵”

大熊猫“灵灵”，雄性，1995 年 8 月 25 日出生于重庆动物园，是“新星”和“川川”的第四个孩子，谱系号 424。

在“新星”生育的 5 个子女中，老三“灵灵”尤其充满传奇色彩，是备受雌性大熊猫青睐的“恋爱达人”。壮年时一年要配好几只雌性熊猫，是多只明星大熊猫的父亲，其中包括赠港大熊猫“乐乐”和赠台大熊猫“团团”。“灵灵”是庞大的“新星”家族的大功臣，2016 年年底就育有子孙 40 多个。

“灵灵”在熊猫界的寿命不算长，但 25 岁也相当于人类近 100 岁了。年轻时的“灵灵”被大家戏称为“花花公子”，意思是他的配偶太多。事实也确实如此，“英英”“公主”“华美”“海子”“雷雷”“喜妹”“娅老二”“龙欣”“草草”等 10 余只被称为“英雄母亲”的熊猫，它们都与“灵灵”产下了后代。步入老年的“灵灵”被大家亲切地称为“灵爹”“老爷子”，可见大家对他的喜爱程度。

晚年的“灵灵”，饱受病痛折磨，加之处于老年期，“灵灵”的牙齿出现老化、磨损、脱落等状况。2019 年，“灵灵”的各项身体指征出现异常，医生抽血检查发现其肝功异常，白蛋白较低，触诊腹腔积水明显，经专家多次会诊，制定了保肝和利尿为主的治疗方案，并加强日常营养和护理。投喂的食物以竹笋和剪碎的竹叶为主。经药物治疗和饲料调整后有所缓解。坚持了一年多，从 2020 年 7 月起，“灵灵”的精神、食欲变得十分不好，进食更加困难，病情日益加重。到 8 月底，其体况极度消瘦，腹部严重膨胀。9 月 2 日 10 时 15 分，经医治抢救无效死亡。

“灵灵”临床解剖主要表现为肝肿大、肝硬化，腹腔大量积液等老年性病变，结合微生物培养和病理实验室组织切片综合诊断分析，确定其死亡原因为肝硬化，导致多器官功能衰竭死亡。

一脸威严的“灵灵”，却令众多熊猫姑娘钟情

全球征名定“聪聪”

“聪聪”是“新星”和“川川”生的老二，生于 1994 年 7 月，谱系号 405。

“聪聪”之所以成为明星，主要是上海动物园面向全球征集名字，一时轰动全球。

按照重庆和上海动物园的协议，“新星”生下的第二个孩子断奶后就要带到上海动物园，入上海籍。由于“新星”生的第三胎未成活，所以老二“聪聪”就留在上海，与“川川”一起生活。1995 年 2 月 28 日，“聪聪”抵达上海。

上海动物园以前繁殖过大熊猫，可惜都没成功。这次“聪聪”入上海籍，成为上海动物园首次人工繁殖成功的大熊猫。所以上海人对他爱得不得了。它还没出世，就受到了许多人的关注。

为了给“小国宝”取个好名字，上海动物园和《小主人报》报社专门成立了征名小组，面向全世界给它征名。全国各省、区、市以及远在日本、韩国、美国的数万孩子争先恐后地把最动听、最美丽、最心爱的名字献给它。连成年人也参加了这个活动。日本一位 70 多岁的老太太，叫岩田庆泉，来沪旅游时特意带回去一叠选票，让周围的人都来取名投票。然后一一登记了投票者的姓名、身份，郑重其事地寄到上海动物园。

一时间，7 万余封取名、定名信似雪片飞来，“爱爱”“和平”“晶晶”“国星”……初选入围的名字有 50 多个；再按定名票的数目，正式选定了“聪聪”这广受赞誉的名字。

1995 年 9 月 16 日，是“聪聪”正式定名的喜日。小国宝仿佛也懂得自己的身份，一大早就醒来，在熊猫馆特地为它装扮的新居滑梯中爬上滑下。面对几千名从各处赶来的小朋友、大朋友，和包括日本 NHK、“中国放送”在内的众多录像录音设备，它兴奋不已，左顾右盼，引得许多孩子发出阵阵欢呼。

这一天，上海市人大常委会委员严玲璋和市园林局局长胡运骅也来到现场。满头银发的严大姐一直为立法保护动植物、保护生态环境四处奔走。她指着欢欣雀跃的孩子们说“看他们，对小动物多么喜爱。我们要为他们提供更多更活泼的‘小伙伴’、创造更美更好的生活环境，让他们从小就热爱大自然、永远拥有大自然。”胡局长则介绍了上海太平洋俱乐部有限公司热心领养“聪聪”、上海动物园努力为“聪聪”创造最佳生活条件的经过。

“聪聪！”“聪聪！”将熊猫山四周挤得密密实实的孩子们又欢呼起来。原来，小家伙居然用两条后腿站了起来，向大家招手示意！

定居在上海动物园的“聪聪”

“乐乐”入驻孟菲斯

“乐乐”是“新星”和“川川”的第四个孩子，生于1998年7月18日，谱系号466。

2003年4月7日，首都机场，众多双眼睛注视着缓缓升起的起落架，大熊猫“乐乐”和“丫丫”登上了美国联邦快递的专机，开始它们的旅美生活。它们的目的地是美国田纳西州孟菲斯市孟菲斯动物园。

为了保证两只大熊猫安全抵达目的地，来自孟菲斯动物园以及中国上海、北京动物园的兽医搭乘专机共同伴随熊猫旅行。两个特制的集装箱成为两只熊猫长达15小时的空中旅程中临时的家。为保证安全，所有涉及熊猫起降的机场都对公众关闭。据了解，大熊猫的航空食谱非常精致，主食是专门由家乡带来的竹子，喝的是精心挑选的矿泉水，饭后甜点是美味的蛇果，还有新鲜的胡萝卜。为确保万无一失，有关人员对矿泉水进行了抽样检验，对水果、蔬菜做了微生物和农药残留的检测。仅运送成本就达到40万美元。

4月25日，美国田纳西州孟菲斯市动物园举行隆重仪式，庆祝中国大熊猫“乐乐”和“丫丫”在该园正式展出。田纳西州州长布雷德森、孟菲斯市市长赫伦顿以及多位美国国会议员出席了25日举行的中国大熊猫开展式。这两位中美友好的使者4月7日抵达这家动物园后，在当地掀起了中国大熊猫热。

时任中国驻美国大使杨洁篪在开展式上发表讲话时指出，中国政府重视中美交流与合作，中国大熊猫赴美展出是中美两国人民友谊的象征。中美共同研究大熊猫是中美在保护珍贵野生动物领域合作的重要体现。“乐乐”和“丫丫”备受中美两国公众的喜爱。它们是中美友好的使者，将使孟菲斯市和美国中南部地区人民更多地了解中国的文化、历史和地理，特别是中国在保护珍贵野生动物领域所采取的积极措施，从而有助于推进中美两国人民之间的交流与合作。

孟菲斯市动物园园长布雷迪和来自田纳西州的美国前驻华大使尚慕杰，向中国政府和人民表示衷心的感谢。他们表示，“乐乐”和“丫丫”必将受到美国广大公众的热烈欢迎，并十分有利于增进美中两国人民的了解、友谊与合作。他们估计，中国大熊猫的展出，将使孟菲斯动物园每年增加数十万来自美国各地的参观者。

2013年，租赁到期，该动物园又续约10年。在该动物园的官方介绍页面，自豪地宣称自己当时成了全美三家拥有大熊猫的动物园之一。

生活在上海动物园的“乐乐”

“乐乐”在孟菲斯动物园

“蜀庆”也是英雄母亲

大熊猫“蜀庆”于 1999 年 8 月 3 日出生在重庆动物园，谱系号 480，是“新星”和“川川”的幺女。

她毛发白皙光滑、脸型圆润，鼻子粗短，体态偏胖但是姿态优美，很是符合人类对美貌大熊猫的标准。

“蜀庆”一生只生产了三胎。2004 年 8 月 26 日产下体重为 135 克的“勇勇”，尽管“蜀庆”是第一次当母亲，但它的母性相当强，产后几乎整天搂着小宝宝，片刻不让其离开。2007 年 7 月 5 日，“蜀庆”诞下龙凤胎“蜀琳”和“蜀蓉”。2008 年 8 月 4 日、8 月 5 日，“蜀庆”产下双胞胎，两只幼崽均为雄性，适逢北京奥运火炬“祥云”传至成都，取名“蜀祥”和“蜀云”，期望它们的出生能给前不久才经历了“5 · 12”汶川大地震的四川带来吉祥和欢乐。

“蜀庆”2 岁时从重庆动物园交换到成都大熊猫繁育研究基地，以后一直生活在这里，和她的母亲一样因儿孙繁盛而名扬天下。老大“勇勇”，具有其舅舅“灵灵”的风范，被称为“情场高手”，是熊猫界有名的种公兽，到 2016 年，他的子女至少有 40 多只。“蜀蓉”2015 年被遴选为中央政府赠送澳门的大熊猫之一，并在那里生下双胞胎“健健”和“康康”。“蜀庆”的孙子也遍及全世界。参与野化培训的“和盛”“倩倩”“星语”“星愿”以及第一代网红“奥莉奥”，赴德国的“梦梦”，去丹麦的“星二”，北京动物园的“萌大”“萌小”，都是她的孙辈。2017 年 6 月她的孙女“成大”诞下一对双胞胎，“蜀庆”从而晋升为曾祖母。

“蜀庆”对成都大熊猫繁育研究基地、对“新星”家族做出了巨大的贡献！

“蜀庆”是集美貌和聪明于一身的大熊猫，曾经有一个美国机构为成都基地的熊猫测试过智商，“蜀庆”是智商最高的大熊猫！

晚年的“蜀庆”依然俏皮可爱

头戴生日皇冠的“蜀庆”

“乐乐”赠港庆回归

大熊猫“乐乐”生于2005年8月8日，父亲是“灵灵”，母亲是“海子”。“乐乐”的祖母是“新星”。

2007年，为庆祝香港回归祖国十周年，中央政府决定再赠送香港特区一对大熊猫。遴选的任务落在四川卧龙中国保护大熊猫研究中心。当时制定的标准为活泼、健康、相处融洽，最终，研究中心从15只年轻大熊猫中精选出了一对大熊猫。

4月26日，运载赠港大熊猫的专机于下午4时许降落在香港机场。香港民政事务局与国家林业局在机场签署交接证书后，时任国家林业局副局长赵学敏宣布606号雄性大熊猫的名字：“乐乐”；时任香港民政事务局局长何志平宣布610号雌性大熊猫的名字：“盈盈”。

6月30日，大熊猫送赠仪式在香港海洋公园举行。时任国务委员唐家璇代表中央政府将“乐乐”和“盈盈”赠予香港特别行政区。唐家璇在送赠仪式上致辞时说，大熊猫赴港深得香港居民喜爱，自1999年大熊猫“安安”和“佳佳”到达香港之后，吸引900多万人次参观。在香港回归十周年之际，赠送香港大熊猫，期待着“乐乐”和“盈盈”的到来给香港增添喜气和吉祥。

7月1日，大熊猫“盈盈”“乐乐”正式与香港市民见面。上午八时三十分，公园首先开放给新闻记者参观拍照，“盈盈”和“乐乐”被护理员带领进场时，略显害羞，只是在门口探头张望。工作人员以食物将它们吸引进展览区后，两只大熊猫便尽情啃食竹子，引来记者阵阵笑声。

上午十时整，公园正式开放。数百名观众簇拥着进入熊猫馆，一睹国宝风采。

“乐乐”和“盈盈”居住的馆舍是新改建的，面积有600平方米，仿照四川的自然环境人工设计，并为四只大熊猫分隔出三个独立的活动范围，安安和佳佳分别在一个区间，而“盈盈”和“乐乐”则被安排同居一室。

2005 年 4 月 26 日，大熊猫“乐乐”和“盈盈”离开卧龙时的情景

生活在香港的“乐乐”和“盈盈”

2005 年 4 月 26 日，运载赠港大熊猫的专机于下午 4 时许降落在香港机场

“二顺”旅加总理接

重庆动物园与加拿大多伦多动物园有很深的渊源。1988 年，重庆动物园的大熊猫“新星”和“希希”曾到加拿大展出三个月。1991 年 6 月，重庆动物园与多伦多动物园成为姐妹园，开始在动物行为和繁殖、科研人员交流等方面开展合作。

按照中国动物园协会与加拿大多伦多动物园、卡尔加里动物园联合体在重庆签署的协议，2013 年 3 月 25 日，重庆大熊猫“二顺”与成都大熊猫繁育研究基地大熊猫“大毛”先后被送往加拿大多伦多动物园和卡尔加里动物园进行为期 10 年的大熊猫保护与研究。

3 月 23 日，“重庆大熊猫赴加拿大欢送仪式”在重庆动物园举行。时任重庆市副市长刘强宣布“中加大熊猫联合研究项目”正式启动，重庆市政府外事侨务办、市园林局、市林业局、重庆动物园等负责人出席。时任加拿大驻华大使赵朴、加拿大驻重庆总领事欧阳飞等出席欢送仪式。

上午 11 点 03 分，中加双方的工作人员和大批市民守候在运输车前，动物园的工作人员打开运输车的后厢门，憨态可掬的“二顺”正在笼子里吃着零食，面对这么多双眼睛的注视和相机镜头的闪烁，它没有丝毫的不安。就在后厢门即将关上的一刹那，“二顺”似乎意识到了什么，拿开了嘴里的竹子，抬头向车厢外的市民们深深地望了一眼，似乎在向市民宣布：“我还会回来的。”

25 日上午 11 点左右，“二顺”抵达多伦多皮尔逊国际机场，数百名加拿大政要和社会名流出席了欢迎仪式。打开厢门的那一刻，乐队奏响了加拿大国歌，加拿大总理哈珀及夫人亲自到机场迎接。哈珀在机场的简短致辞中说：能照看中国国宝——“二顺”和“大毛”是巨大的荣耀，它们此后 10 年生活在加拿大，会时刻提醒我们中加两国的牢固关系，并使众多到动物园参观的加拿大人感到愉悦。加拿大总理办公室在发布这则新闻时特别指出，大熊猫是中国特有的民间吉祥物，它们被视为和平、友谊和财富的象征。

在加拿大期间，“二顺”过得相当幸福。当地人非常喜欢熊猫，“二顺”是动物园最受欢迎的明星动物之一。多伦多纬度高、空气比较干燥、冬季气温比较低，为此，动物园专门为“二顺”安装了 24 小时的实时监控系统。夏天太热或冬天太冷时，“二顺”就在拥有完善控温控湿设施的室内运动场玩耍。

软萌可爱“加悦悦”“加盼盼”在雪地里玩耍

“二顺”此行的主要任务是配合大熊猫保护教育与繁育的国际合作。“二顺”确实不负众望。2015 年借助人工授精技术，“二顺”成功怀孕。10 月 13 日，加拿大时间凌晨 3:31，“二顺”产下一子。初为母亲的“二顺”在小家伙哇哇大叫 30 秒后，才笨拙地衔起她的孩子。脖颈僵硬地坐下后，慢慢地环抱住小家伙，渐渐地，小家伙停止了呐喊。凌晨 3:44，在“二顺”抱着大仔无暇顾及其他的时候，小仔出生，奶妈将其顺利取出放置在育婴箱里。大仔 181.7 克，小仔 115.1 克，各项体征均良好。这一对龙凤胎被取名为“加盼盼”“加悦悦”。2016 年 3 月 7 日，时任国务院总理李克强向加拿大多伦多动物园大熊猫幼仔命名仪式致贺信。加拿大总理特鲁多出席仪式。李克强在贺信中表示，“2013 年，大熊猫‘大毛’‘二顺’承载着中国人民的友好情谊抵达加拿大，受到加拿大人民热烈欢迎和由衷喜爱。‘二顺’在中加建交 45 周年纪念日诞下双胞胎幼仔，是令人喜悦的巧合，也是预示中加合作前景的好兆头。”双胞胎于 2020 年 1 月 12 日回到重庆动物园。

“二顺”产下龙凤胎，在加拿大引起轰动。该国一份报纸形容，“中国大熊猫就像是摇滚明星正在做一场最成功的巡回演出”。

2020 年，受疫情影响，大熊猫主食竹供应难以得到长期保障。中加双方经友好协商，决定提前终止合作。11 月 29 日，“二顺”返回老家，经过一个月的隔离检疫，“二顺”的各项健康指标都正常，随后入驻重庆动物园熊猫馆。

2022 年 3 月，“二顺”在中国大熊猫保护研究中心与大熊猫“青青”完成自然交配，于 7 月 22 日在重庆动物园产下双胞胎兄妹，哥哥“渝可”初生体重 132 克，妹妹“渝爱”初生体重 91 克。这是“二顺”归国后第一次生产，也是重庆动物园海归大熊猫首次成功繁殖双胞胎。

出国能生，回国也能生，且连续两胎都是双胞胎，“二顺”完全继承了祖母的基因。

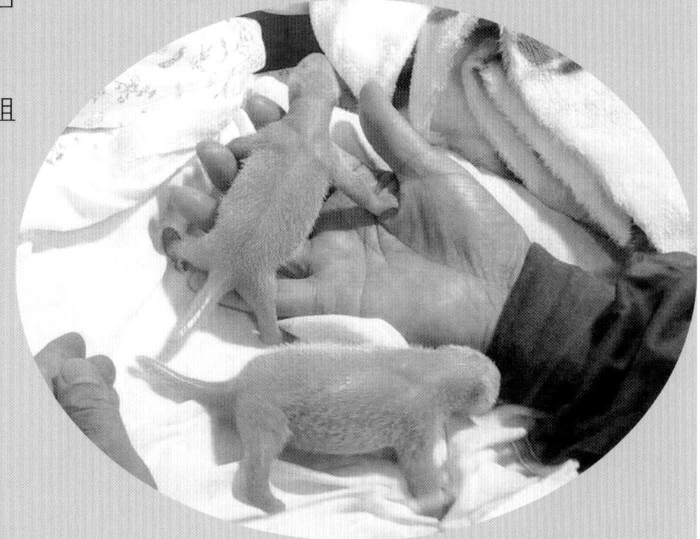

2022 年 7 月 22 日，海归大熊猫“二顺”产下的双胞胎幼仔

2013 年 3 月 23 日，重庆市民欢送“二顺”访问加拿大

2013 年 3 月 25 日，加拿大总理哈珀偕夫人在机场迎接“二顺”

“好奇”之名寓意深

大熊猫“好奇”2013 年 8 月 23 日出生于重庆动物园，是“灵灵”和“娅娅”的第四个女儿。2021 年 4 月 22 日，“好奇”在中国大熊猫保护研究中心与大熊猫“芦林”自然交配。9 月 13 日凌晨 0:06 和 0:22，“好奇”先后产下雌性和雄性大熊猫幼崽，姐姐“奇珍”体重 104 克，弟弟“奇宝”体重 168 克。

“好奇”之所以出名，不仅是她首产双胞胎，更重要的是她的名字是由诺贝尔物理学奖得主丁肇中教授取的。

2014 年 1 月初，诺贝尔物理学奖获得者丁肇中先生来重庆动物园参观时，见到这只熊猫宝宝，喜欢得不得了，动物园方请丁教授为熊猫宝宝取名字，丁教授当时并没有直接命名，回去后经过一番思索，正式确定为“好奇”。

为什么给这只熊猫宝宝取名叫“好奇”，《重庆晨报》记者联系上了身在瑞士的诺贝尔奖得主丁肇中教授，对他为什么给大熊猫宝宝取名“好奇”进行了独家专访。

重庆晨报：您半月之前来到重庆，为什么时间有限还特地去了趟重庆动物园？

丁肇中：确实，之前回到重庆时特地抽时间去了趟动物园，看了大熊猫、河马和华南虎。其实我是专门去看大熊猫的。大熊猫是中国特有的珍稀动物，听说重庆动物园里有八九只大熊猫，所以我特别想去看看。没想到不仅看到了，我还亲手抱了抱一只刚出生几个月的大熊猫，就是我取名字那只。

重庆晨报：您之前到动物园里看过大熊猫吗？

丁肇中：大概十几年前，我曾带着太太和儿子去过华盛顿的美国国家动物园，在那里曾经看到过大熊猫。虽然以前也知道大熊猫长什么样子，但见到真的大熊猫还是觉得这种动物太可爱了，真是世界之大各式各样的东西都有！可惜的是，那次只是远距离地看，并没有机会近距离接触。

重庆晨报：您为什么给这只大熊猫宝宝取名“好奇”呢？

丁肇中：因为我本身是一个科学家，对于一个科学家最重要的是什么呢？像我去探索宇宙的起源，去寻找世界上存在的最小物质，这

丁肇中考察重庆动物园

一切其实并不是为了功成名就，当然更不是为了寻求经济利益，最根本的还是出于对未知领域的好奇。我觉得好奇才是对于一个科学家最重要的事情，没有好奇就没有发现和探索宇宙奥秘的动力。

重庆晨报："好奇"寓意着什么？

丁肇中：我想好奇不仅对于科学家是最重要的，其实对于普通人也很重要。我希望大家，尤其是喜欢去动物园的小朋友们都能葆有一颗好奇的心，这样才能不断激励他们去问问题和试图找到问题的答案。有了这样的下一代，当然就会有更多未知领域的奥秘被不断挖掘出来。

重庆晨报：当时是否考虑过其他名字？

丁肇中：我在得知重庆动物园希望我能给这只大熊猫起个名字时，几乎第一时间就想到了"好奇"这个名字。事实上，我太太听说了这件事情后，曾经建议我给它取名"教授"，因为我本身是个教授嘛。但我觉得，这个名字的意义还是太狭隘了。不能因为是我这个教授给人家取的名字就叫"教授"，而且听起来也怪怪的，哈哈哈。

重庆晨报：您自己现在还养着什么宠物吗？

丁肇中：我小时候在重庆生活的那几年，曾经养过一些小猫、小狗，只是时间太久了，我记不太清后来它们怎么样了。现在我的工作实在太忙了，还要经常走访各地，尽管非常喜欢小动物也没有时间去照顾它们，所以就没有养了。不过这次在重庆能够看到大熊猫让我特别高兴，我还专门拍了很多张照片，带回家跟家人一起分享，尤其是我还有幸给那只小小的大熊猫取了名字。要是还有机会，我一定会再回重庆，再去看看那只大熊猫。

幼年的"好奇"，长着一双充满好奇的眼睛

赠台大熊猫“团团”

“团团”是中国大陆赠送给台湾地区的一对大熊猫中的雄性熊猫，2004 年 9 月 1 日出生，外号“小乖乖”。父亲是“灵灵”，母亲是出生在美国圣地亚哥动物园，由时任中国驻美大使李肇星取名的“华美”。“团团”嘴巴很尖，两耳之间间距较宽。多数时间是人工抚养，从小和人接触比较多，喜欢和饲养员玩耍，养成了活泼大方的性格。

2005 年 5 月 3 日，时任中共中央台办、国务院台办主任陈云林受权宣布，大陆同胞将向台湾同胞赠送一对象征和平团结友爱的大熊猫。2006 年 1 月 6 日，国家林业局宣布两只赠台大熊猫遴选结果出炉。虽然不知道最终是哪两只大熊猫被选中，但民间已经迫不及待地开展征名活动。有媒体开通征名热线，1 天时间就收到近 2 000 个好听的名字，其中“团团”“圆圆”就是最大热门。1 月 28 日农历除夕，通过中央电视台春节联欢晚会的观众投票，“团团”“圆圆”共得到了 1 亿 3 000 万观众的短信和电话投票，正式成为两只赠台大熊猫的乳名。

2008 年，“5·12”汶川大地震发生后，大熊猫“团团”“圆圆”圈舍后面的山体垮塌，巨大的石块将圈舍完全毁坏。幸运的是机警的“团团”“圆圆”都跑出了圈舍。5 月 12 日，“团团”被卧龙中国保护大熊猫研究中心的工作人员救出；3 天后，“圆圆”出现在人们的视野中，也被工作人员救出。

2008 年 12 月 23 日早上，四川雅安天气寒冷，淡淡薄雾中，空气显得格外清新。雅安碧峰峡大熊猫基地的空气中弥漫着“嫁女儿”的气氛。上午 8 时，熊猫赴台启动仪式在基地举行，400 余当地民众自发参加。8 时 30 分，“团团”“圆圆”乘坐的卡车出发了，经过一段弯弯的盘山公路后驶进雅安市区，当车辆行驶至成雅高速路口的时候，千名当地市民在道路两旁依依送别。一些孩子举着标语牌和鲜花，喊着“‘团团’‘圆圆’一路平安”“雅安人民想念你们”。

下午 1 时，在双流机场停机坪上举行了简短的欢送仪式。到机场送别“团团”“圆圆”的时任国台办常务副主任郑立中表示，人们之所以喜爱大熊猫，不仅因为它有着憨态可掬、快乐吉祥的相貌，更在于它体现了“和”的精神，被誉为和平的化身；大熊猫所体现的精神内涵深刻诠释了中华文明和谐包容的文化精髓；大熊猫赴台将为两岸架起和平之桥、团结之桥、友爱之桥。随后，“团团”“圆圆”乘坐的台湾长荣航空公司的波音 747“熊猫专机”徐徐启动，下午 5 时许抵达台北桃园机场，然后换乘专车，于晚间 7 时 30 分许抵达台北市立动物园新光特展馆。

新光特展馆熊猫馆是台北市立动物园斥资新台币 2 亿多元修建，占地 1 515 平方米，一楼规划室内展示场、竹库、调理室、室内居室、产房、户外运动场、户外展示场等。户外展示场模拟大熊猫野外栖息地，草坪宽阔，并以浓绿乔木构成背景，还有大小石块及瀑布水池，提供熊猫活动的多样空间及攀爬、遮阴设施。室内展示场具有空调设备，夏天以调控温度在 18℃至 22℃、湿度 60% 至 70%; 冬天采取自然通风，温度高于 22℃时以空调调控。

在这样豪华的居住场所中，“团团”“圆圆”健康成长，发育成熟。2013 年 7 月 6 日 20 时 5 分，“圆圆”产下了他们的第一个孩子——“团仔”；2020 年 6 月 28 日，“圆圆”经过 5 个小时的努力，在下午 1:53 产下一只幼崽，幼崽叫声洪亮，体重 186 克，经专家通过互联网远程鉴定性别为雌性，取名为“圆仔”。2018 年 12 月 9 日，保育员在帮“团团”实施例行动物训练课程时，发现它的左上犬齿断裂流血。动物园随即联系医疗团队为“团团”紧急检查及处理。23 日上午，顺利为“团团”装上牙套，这是全球大熊猫装牙套的首例，为野生动物的牙齿医疗及护理开启重要的一课。

2022 年 11 月 19 日凌晨，大熊猫“团团”再度癫痫发作，不幸离世。

2008 年汶川大地震，“团团”“圆圆”在卧龙安然无恙

2008 年 12 月 23 日，四川省雅安市市民在路边欢送大熊猫“团团”“圆圆”赴台

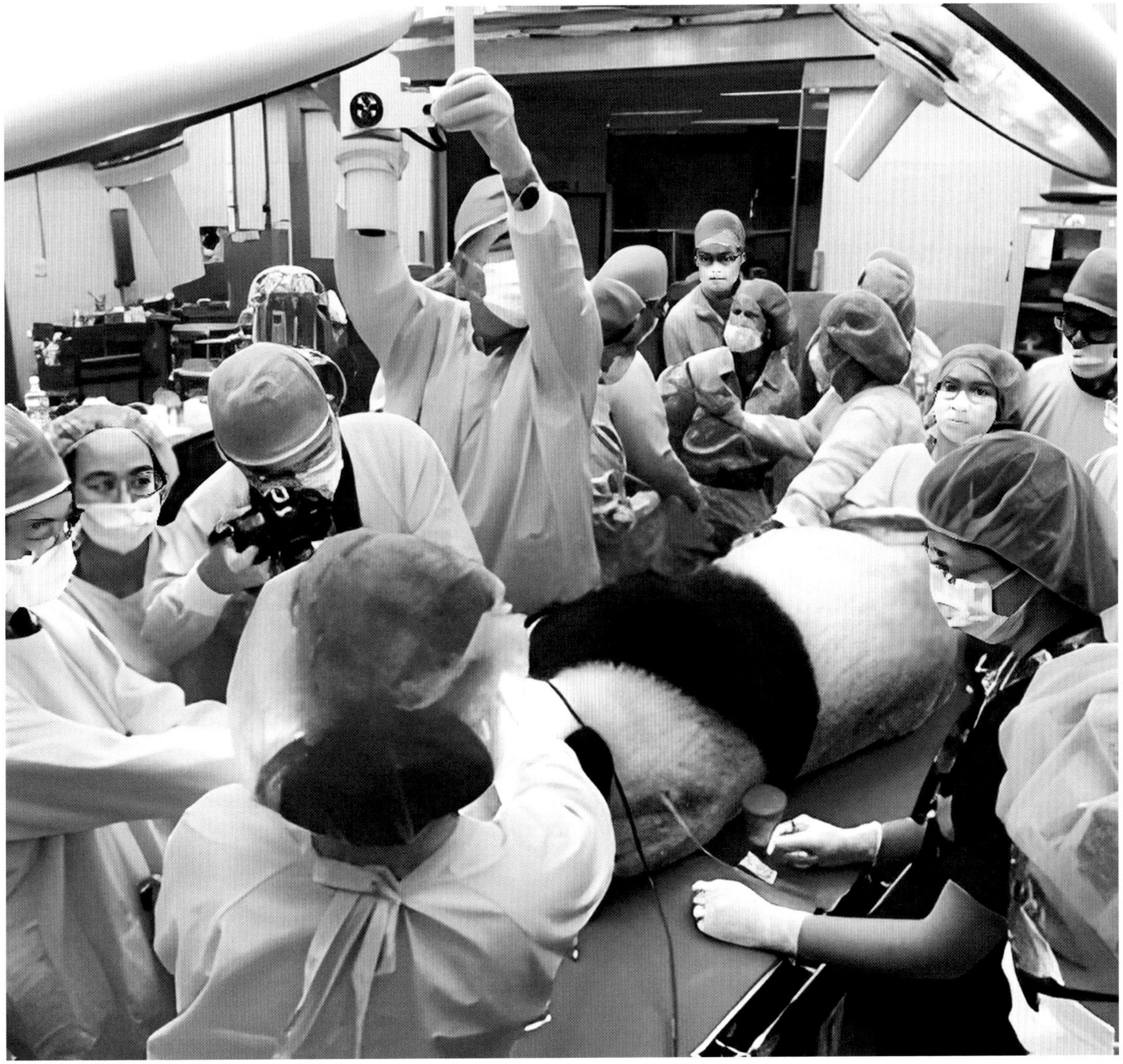

2018 年 12 月 9 日，饲养员在帮大熊猫“团团”进行例行动物训练时，发现它的左上犬齿断裂流血。动物园随即联系本园兽医及“野生动物健康照护与医疗小组”为“团团”进行紧急牙齿检查及处理

2022 年，“团团”病重期间，我国台湾地区民众给“团团”留言，为“团团”祈福

开开心心进澳门

2009 年，在庆祝澳门回归十周年时，时任国家主席胡锦涛代表中央政府宣布将向澳门特别行政区赠送一对大熊猫。澳门特区政府举行“中央政府向澳门特区赠送大熊猫征名活动”，征名评审委员会从近四千份为大熊猫提名的表格中，挑选配对出“开开、心心”“濠濠、莲莲”“阳光、满满”“澳祥、澳妙”“阿濠、莲妹”五对候选大熊猫名，接受澳门居民投票，最终选出“开开、心心”作为即将来澳大熊猫的名字。12 月 15 日，大熊猫“开开”（“蜀祥”）、“心心”（“奇妙”）入驻澳门，2010 年 1 月 18 日，两只大熊猫与市民见面。2014 年 6 月 22 日深夜，“心心”因病离世。

在澳门回归祖国 15 周年之际，国家主席习近平在澳门会见澳门特区行政长官崔世安时表示，将再赠澳门一对大熊猫，接替目前形单影只的“开开”（“蜀祥”）。国家林业局对这次遴选工作高度重视，组织专家从大熊猫的年龄、身体健康状况、行为和心理健康、繁殖、遗传等五个方面进行了综合研究和评估，制定了“中央政府赠送澳门特区政府大熊猫遴选标准”，经过 3 个多月层层选拔，最终选定了大熊猫“娅林”（雄性、谱系编号为 726，生于 2008 年 8 月 24 日）和“蜀蓉”（雌性，谱系编号为 667，生于 2007 年 7 月 5 日），于 4 月 30 日 14:00 乘国航 CA649 专机飞赴澳门，澳门方于 17:00 在澳门石排湾郊野公园举行中央政府赠送澳门大熊猫欢迎仪式。6 月 1 日，“蜀蓉”和“娅林”与澳门民众见面。

此次赠澳大熊猫的名字继续沿用“开开”“心心”的呼名。大熊猫“新星”的孙子、“蜀庆”的一对儿女分别在这两次赠送中扮演了“开开”“心心”的角色，这不仅是“新星”家族的荣耀，在熊猫界中也是一段佳话。

“新星”的孙女“蜀蓉”

2010 年 12 月 18 日，在成都大熊猫繁育研究基地，工作人员正在运送大熊猫“心心”（“奇妙”）上车。当日，成都大熊猫繁育研究基地为“开开”（“蜀祥”）和“心心”（“奇妙”）举行欢送仪式。两只可爱的大熊猫正式离开它们生活了两年多的成都大熊猫繁育研究基地，于下午从成都双流机场乘飞机前往澳门

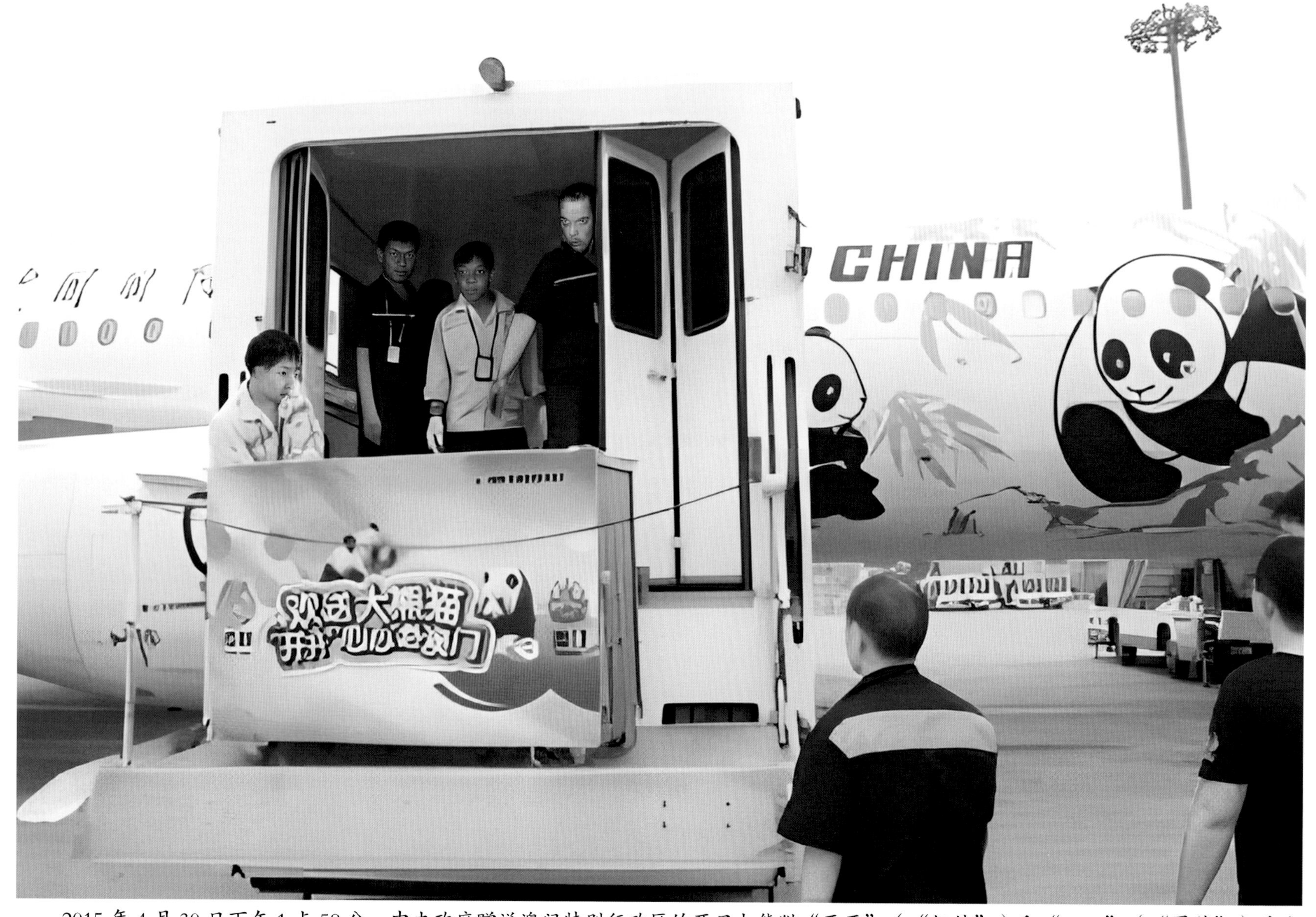

2015 年 4 月 30 日下午 1 点 58 分，中央政府赠送澳门特别行政区的两只大熊猫“开开”（“娅林”）和“心心”（“蜀蓉”）乘坐国航 CA649 专机从成都双流机场启程前往澳门

2015年6月1日，大熊猫“开开”（“娅林”）、“心心”（“蜀蓉”）正式结束隔离检疫与澳门公众见面

中央厚禮　萬衆期待

要聞　2010

「開開」「心心」正式落戶　料春節可與市民見面

本澳掀起熊貓熱

市民日

入住新居　毫不陌生

互相嬉戲　樂不思蜀

澳門日報

2010年，“开开”（“蜀祥”）、“心心”（“奇妙”）落户澳门，澳门掀起熊猫热

2016年6月26日，中央政府赠送澳门特区政府大熊猫“心心”（“蜀蓉”）在澳门石排湾郊野公园顺利诞下一对大熊猫双胞胎

“新星”的后代，继承了“新星”优良基因，相貌可爱，个个都是大熊猫界的俊男靓女。

上：“新星” 重外孙“辰辰”

下左：“新星”的重孙“重重”

下中：“新星”的重外孙“奇宝”

下右：“新星”的重孙“双双”

上：“新星”的孙女“良月”

下左：“新星”的重外孙女“奇珍”

下中：“新星”的孙女“莽仔”

下右：“新星”的重孙女“渝贝”“渝宝”

后记

这是一本关于大熊猫“新星”传奇一生的专著。两年前尹彦强博士到南充看望恩师胡锦矗先生，请教和探讨关于圈养最长寿大熊猫“新星”的科普和纪念事宜，由此萌生了为“新星”写点东西的想法，得到了胡先生的赞许和支持，先生愉快地答应了为本书作序，并叮嘱尹彦强博士多收集各类型基础资料，特别是“新星”的晚年故事，内容要翔实，语言要通俗易懂。2021 年 3 月，尹彦强博士和罗光泽会长共同努力促成大熊猫国家公园雅安管理分局、四川省大熊猫生态与文化建设促进会、重庆动物园三家单位在重庆动物园座谈商讨合作为纪念这只伟大的大熊猫“新星”出书，从筹划到付印，历时两年有余。本书的面世，为雅安大熊猫文化的挖掘注入了新的内容，为重庆动物园的大熊猫历史文化宣传做出了新的贡献。

随着互联网络、自媒体等新兴文化科普传播方式越来越发达，“新星”晚年时期的故事得到广泛关注。在“新星”35 岁之前，关于它的记载相对较少，重庆动物园关于“新星”的资料最多的便是 30 多年来的饲养观察记录日志。为广泛收集“新星”的资料，尽力展现“新星”的传奇色彩，编写人员发挥各自优势，深入宝兴县、芦山县等地寻访当年的知情人士，查阅 30 多年的饲养记录和媒体报道，采集丰富的文字资料和图片资料，最终由杨明江撰写初稿，尹彦强精心修改，并从专业角度进行修订，使该画册融专业性、故事性于一体，将大熊猫“新星”逆境重生、传播友谊、浪漫爱情、英雄母亲和长寿之星的精彩“熊生”展示给读者。在编撰过程中，我们强烈地感受到，当年“新星”被救护成功和它在重庆动物园的精彩一生，是渝雅两地合作的典范，以此为推动，正在实施的渝、雅协作前景广阔。

编印过程中，大熊猫国家公园雅安管理分局、四川省大熊猫生态与文化建设促进会、重庆动物园的领导和专家高度重视，从主题策划、板块设计、图文编排等方面给予悉心指导；四川蜂桶寨国家级自然保护中心从查找人物线索、安排采访、提供资料等方面给予大力支持，确保了本书在较短的时间内完成。本书采用了《重庆晨报》《重庆晚报》等新闻媒体的报道和《重庆动物园志》等资料，在此一并致谢。

特别感谢的是，一生致力于大熊猫研究的泰斗胡锦矗先生在90多岁高龄的情况下，仍然关注本书的编印出版，并在病中为本书作序。胡先生在20世纪80年代曾深入雅安地区的深山老林考察大熊猫，为濒危大熊猫的抢救和保护做出了不可磨灭的贡献。他编著的《寻踪国宝》《中国科学家探险手记：追踪大熊猫的岁月》《山野拾零》等书籍中，对雅安大熊猫做了专门记述，胡先生对雅安、对雅安的大熊猫，都有很深的情结。据尹彦强博士回忆，胡先生一直都在关注重庆动物园的大熊猫，关注大熊猫“新星”的状况和尹彦强团队所做的工作。遗憾的是，胡先生于2023年2月16日22点08分去世，未能看到本书的面世。

由于作者水平所限，差错和疏漏在所难免，敬请读者批评指正。

编　者

2023年3月